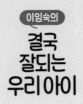

이임숙의
결국
잘되는
우리아이

이임숙의

결국
잘되는
우리아이

이임숙 지음

EBS
BOOKS

부모가 주는 최고의 심리적 유산, 자존감과 사회성

아이가 짜증 가득한 표정으로 장난감을 던지고 밥투정을 하며 어린이집 또는 유치원에 가지 않겠다고 투정을 부립니다. 이럴 때 그 많은 육아 이론과 정보들 중 어디에 초점을 두고 어떤 육아 기술을 사용해야 할까요? 오리무중을 헤매는 막막한 느낌입니다. 이런 문제가 지속되면 부모인 나의 잘못인 것만 같고, 아이가 나중에 잘못될지도 모른다는 걱정이 앞서 불안하고 혼란스럽습니다.

그렇다고 너무 자책하거나 불안해하지 마세요. 아무리 잘 키운다 해도 상처 없이 자라는 아이, 문제 행동을 보이지 않는 아이는 없으니까요. 그런데 아이의 심리적 어려움이 쌓이고 쌓이다 넘쳐서 밖으로 터져 나와 문제 행동을 보이는 경우라면 이제 주요 원인을 찾아 보아야 할 때입니다.

상담실을 찾은 초·중·고 아이들이 보이는 모습은 다양합니다. 의욕이 없고 무기력해지면서 우울감이 심각한 아이도 있고, 공격성이 높아져 폭력 행동을 보이는 아이도 있습니다. 아이들의 기질이 모두 다르고 살아온 과정도 다른 까닭에 개개인에 맞는 심리 치료의 과정이 필요하지요.

그럼에도 25년간 상담실에서 만난 모든 아이들에게 나타나는 공통적인 특징 두 가지가 있습니다. 자존감이 낮습니다. 친구 관계에 어려움이 있습니다. 한 가지 어려움을 가진 아이도 있고, 둘 다 힘겨운 아이도 있습니다. 하나만 부족해도 견디기 어려운데 둘 다 부족한 아이는 어떻게 버티고 있는 걸까요? 자존감 부족은 아이를 괴롭히는 핵심 문제였고, 사회성 부족은 그러한 문제가 심각해지며 외부로 드러나는 촉발제가 되었습니다. 이는 아이가 어려서부터 절대 놓치지 말고 잘 보살피고 키워 주어야 하는 것이 무엇인지 오롯이 보여 주고 있습니다.

우리 아이가 왜 이러는지 모르겠어요. 무슨 말을 해도 먹혀들지 않아요.

어떻게 해야 할지 모르겠어요.

이런 간절한 마음이 든다면 이제 필요한 일은 두 가지입니다. 먼저, 아이가 자신이 가치 있는 존재이고 많은 일을 해낼 수 있는 잠재력을 가지고 있음을 깨닫게 해야 합니다. 바로 자존감을 높이는 일이지요. 그래야 어떤 상황이 되어도 아이는 자신을 사랑하고, 믿고, 돌볼 수 있게 됩니다. 또 한 가지는 친구 사귀는 힘, 사회성을 키우는 일입니다.

아무리 마음이 힘들어도 곁에 친구 한 명만 있으면 힘겨운 시간을 잘 버텨 나갑니다. 그러니 아이가 친구를 잘 사귀고 좋은 우정을 만들어 가는 데 밑바탕이 되는 사회적 능력을 키우도록 도와주어야 합니다. 결국 아이를 성장하게 하는 내면의 힘은 자존감에 있고, 현실에서 살아갈 힘은 사회성에 있습니다. 자존감과 사회성, 두 가지 힘을 가진 아이로 키워야 합니다.

육아 이론에서도 시간의 흐름에 따라 강조되는 것이 달라집니다. 세상의 변화에 따라 자신감, 창의성, 사고력, 애착, 회복탄력성, 뇌과학 등으로 초점이 옮겨지다가, 지금은 AI 시대에 뒤처지지 않기 위해 필요한 능력들이 강조되고 있지요. 하지만 중요한 건 아이가 태어나서 자라는 동안 인간이 가진 고유한 성장의 원리는 변하지 않는다는 사실입니다. 이 두 가지 힘을 가지고 있다면 우리 아이는 어떤 상황에서도 자신을 잘 돌보며 주변 사람들과 어울려 잘 살아갈 수 있습니다.

부모가 아이에게 선물해 줄 최고의 심리적 유산은 바로 자존감과 사회성입니다. 막연한 불안과 걱정에 머물지 말고, 이 책에서 제시하는 아이의 자존감과 사회성을 키우는 방법과 특별 솔루션인 그림책 심리 독서로 아이를 키워 보세요. '이걸 몰라서 지금까지 이렇게 힘들었구나.' 하는 마음이 들면서 눈앞이 밝아지기 시작할 겁니다.

1장에서는 부모가 정성껏 키웠는데 왜 아이에게 문제 행동이 나타나는지, 아이가 가진 자존감과 사회성의 어려움을 이해하는 과정을 보여 줍니다. 또한 자신에 대한 부정적 인식을 긍정적으로 바꾸어 자존감 높은 아이로 키우는 칭찬의 기술도 설명하였습니다. 아이가 친구와 문제가 생기는 경우, 그 핵심 원인과 문제를 개선하는 방법도 담았습니다. 여기에 더해, 결국 잘되는 아이의 두 가지 마음의 힘을 키우는 특별 솔루션 '그림책 심리독서'의 개념과 효과를 안내하였습니다.

2장에서는 자존감과 사회성의 뿌리가 되는 세 가지 축인 기질, 정서, 인지에 대해 설명하고 이 모두를 든든하게 받쳐 주는 부모의 중심 역할 세 가지를 안내하고 있습니다. 부모로서 자신은 어떤 욕구가 강한 사람인지, 양육 스트레스의 정도와 육아 방식을 결정짓는 양육 신념은 어떠한지 점검해 보고, 육아의 방향을 건설적으로 재설정해 가는 방법도 소개했습니다. 그리고 엄마, 아빠를 위한 그림책 심리독서로 부모의 마음을 돌보고 힘을 불어넣는 솔루션을 담았습니다.

3장에서는 평생 우리 아이를 지켜 줄 유산인 세 가지 자존감 즉, 신체 자존감, 정서 자존감, 인지 자존감을 설명하고, 아이의 자존감을 단단하게 만들어 줄 부모의 네 가지 습관, 즉 감정 습관, 생각 습관, 행동 습관, 대화 습관에 대해 설명하였습니다. 또한 우리 아이의 자존감을 쑥쑥 자라게 할 다섯 가지 그림책 심리독서법을 설명하였습니다.

4장에서는 부모의 손길이 미치지 않는 곳에서도 아이가 스스로 행복할 수 있도록 사회성을 키우는 세 가지 조건인 자기표현, 공감 능력, 사회 인지 능력에 대해 알아봅니다. 또 아이의 사회성을 활짝 꽃피우기 위해 부모에게 필요한 친구 사귐의 단계를 활용하는 지혜, 일상의 사회적 기술을 키우는 지혜, 학습 관련 사회적 기술을 키우는 지혜, 아이의 친구 문제 해결을 위한 대화의 지혜를 짚어 보았습니다. 사회성을 키워 주는 다섯 가지 그림책 심리독서법도 담았습니다.

이제 불안해하지 말고 자책하지 마세요. 이 책에서 제시하는 자존감과 사회성을 키우는 법과 그림책 심리독서법을 활용해 보세요. 아이가 스스로 밝고 당당하게 잘 살아가는 힘을 얻게 될 것입니다. 결국 잘되는 아이로 쑥쑥 자라날 것입니다.

이임숙

차례

PART 04

사회성, 어디서든 행복한 아이의 조건

결국 잘되는
아이의
두 가지 힘

"우리 애가
왜 이러는지 모르겠어요."

'내 잘못으로 아이를 망치는 건 아닐까?'

부모는 정성을 다해 아이를 키우면서 종종 이런 불안에 시달립니다. 아이를 너무 사랑하기에 순간순간 스며드는 걱정과 불안이 엄마 아빠의 마음을 휘저어 놓습니다. 그럴 때마다 부모는 여러 육아 정보에 귀 기울이고 육아서를 읽고 강의를 듣습니다. 알고 보면 전문가들이 강조하는 유아기 육아의 기본은 매우 명확합니다.

> 아이가 안정된 정서를 형성하고, 부모와의 놀이를 통해 즐거움을 만끽하며, 활기 찬 신체 활동을 충분히 할 수 있고, 다양한 체험을 하면서 친구들과 마음껏 놀며 상상력을 키울 수 있도록 도와주어야 한다.

부모가 이런 지침을 잘 지키려 노력했는데도 불구하고, 아이는 왜 시간이 갈수록 짜증이 많아지고 떼를 쓰며 일상 행동에 문제를 일으키는 걸까요? 부모는 그 이유가 너무 궁금하고 답답합니다. 그래서 상담실을 찾아오는 많은 부모들은 "우리 애가 왜 이러는지 모르겠어요."라고 하소연합니다.

사실, 이유는 단순합니다. 아이에게 칭찬보다 잘못을 더 많이 지적했다면, 훈육이라는 이름으로 무섭게 혼만 냈다면, 놀 때도 자유롭게 두지 않고 시시각각 잔소리를 했다면, 아마도 부모의 노력은 물거품이 되거나 오히려 부작용이 더 커지고 있을 겁니다. 혹은 아이의 타고난 기질을 제대로 이해하지 못한 채 아이에게 적합하지 않은 양육 방법을 계속 사용했거나 아이에 대한 기대와 욕심으로 과한 압박을 주었기 때문일 수도 있습니다.

어떤 경우든 부모는 부단히 노력했음에도 불구하고 이런 상황에 맞닥뜨리게 되니 허탈합니다. 그래도 부모가 자신의 감정에 매몰되어 상황을 더 어렵게 만드는 악순환은 피해야겠지요.

혹시 아이의 문제 행동이 늘어나고 있다면, 현재 우리 아이의 상황과 태도를 객관적으로 파악하고 그 원인과 의미를 아는 것이 중요합니다. 그래야 어디에 초점을 두고 어떻게 양육해야 할지 방향을 찾아갈 수 있으니까요.

우선 많은 부모들이 토로하는 세 가지 유형의 고민을 보면서 문제의 실마리를 함께 풀어 보기로 하겠습니다.

3세 아들 지오 엄마예요. 지오가 너무 말을 안 들어요. 자기 마음에 안 들면 큰 소리로 울고, 장난감이나 컵을 던지기도 해요. 심지어 던지고선 엄마를 빤히 쳐다보기도 하고요. 말로 타이르려 애를 쓰지만, 뺀질대는 표정을 보면 저도 화를 버럭 내게 되네요. 그러면 아이는 "엄마 나빠. 저리 가!"라고 소리 지르며 저를 때리기도 합니다. 이렇게 아이가 계속 분노 조절을 못 하면 나중에 학교에 입학해서 무슨 일이 생길지 걱정이 돼요.

4세 딸 서아 엄마예요. 서아가 너무 느려서 속이 터질 때가 많아요. 아침에 세수하고 옷을 입고 밥을 먹기까지 한나절이 걸려요. 느린 기질인가 싶어서 기다려 주고 격려도 하지만, 그래도 계속 꾸물거리니 저도 모르게 재촉하고 모진 소리를 하게 됩니다. 그랬더니 아이가 눈물을 글썽이며 울먹일 때가 많아요. 친구들 앞에서도 비슷한 모습을 보이는 것 같아요. 저러다가 자신 감도 없어질까 봐 걱정돼요. 나름 기다려 주고 마음 읽기를 해 주어도 변화가 없어요.

5세 아들 강이 엄마예요. 아이가 활발하게 잘 놀고 씩씩해서 너무 사랑스러운데 친구들과 놀이 중에 승부욕이 발동하면 규칙을 어기고 제멋대로 굴 때가 많아요. 당연히 양보도 안 하고요. 자기 입장만 생각하고 주변 상황이나 분위기도 파악 못 하고 고집부리고 떼를 써서 제가 난처한 상황이 자주 생겨요. 무엇보다 그렇게 놀이모임이 끝나면 제가 너무 자존심이 상해서 집에 와서 아이를 크게 혼내게 되네요. 이 모든 상황이 너무 속상해요.

우리 아이도 비슷하다고 느껴지는 부분이 있나요? 세 아이의 문제 행동 유형이 모두 다르고 그 심리적 원인 또한 각각 다를 수 있지만, 그럼에도 불구하고 문제 행동의 핵심이 되는 공통적인 원인이 있어요. 그것이 무엇인지 찾아 가 보겠습니다.

정성껏 키웠는데 왜 문제 행동을 보일까?

우선 언제부터 아이에게 이런 행동이 부쩍 늘었는지 살펴보는 것이 중요합니다. 아이마다 태어날 때부터 기질이 달라서 조금씩 다른 모습을 보이지만, 처음부터 이렇게까지 문제 행동이 많지는 않았을 거예요. 그렇다면 우리 아이에게 언제부터 이런 현상이 나타나기 시작했을까요? 기억이 잘 나지 않는다면 상담소를 찾은 부모님들의 고민을 통해 그 실마리를 찾아 보겠습니다.

> (남, 25개월) 원하는 대로 되지 않으면 소리를 지르며 울어서 대화가 되지 않아요.
>
> (여, 29개월) 떼쓰는 아이는 어떻게 대해야 하나요? 진정될 때까지 기다려 주는 게 맞을까요?
>
> (남, 34개월) 요즘 들어 아이가 유독 짜증을 많이 냅니다. 조금만 불편한 게 있어도 참지 못하고 화를 내거나 울어요. "그렇게 하지 말고 말로 표현해 보

자."라고 타이르지만 잘 되지 않습니다.

(여, 36개월) 아이가 감정을 주체하지 못하는 것 같아요. 뜻대로 안 되면 화내거나 울어 버립니다. 원래 이 나이 또래는 이런가요?

이렇게 고민을 모아 놓고 보니 눈에 확 드러나는 게 있어요. 맞습니다. 딸, 아들 할 것 없이 모두 짜증이 많고 떼를 쓴다는 점, 그리고 바로 아이들이 25~36개월 시기라는 점입니다. 이 시기에 아이는 세상과 사물에 대한 호기심이 많아지고 자아가 발달하면서 "내가, 내가!"를 외치기 시작하지요. 그래서 자기 마음에 들지 않으면 "싫어, 안 해!"라며 토라지거나 소리 지르고 울며 화를 냅니다. 길바닥이든 마트든 어디에서나 냅다 드러누워 뒹굴어 버리는 경우도 있습니다. 심한 아이는 엄마나 친구를 때리기도 하고, 자기 머리를 바닥이나 벽에 쿵쿵 치거나 스스로 때리기도 합니다.

이렇게 떼쓰기가 심해지는 이유는 여러 가지예요. 이 시기 아이는 뭐든 스스로 하고 싶고 잘하고 싶은데, 아직 어리다 보니 영 서툴고 결과가 마음에 들지 않아요. 엄마 얼굴을 예쁘게 그려 주고 싶은데 그게 마음처럼 안 되니 짜증이 날 수밖에요. 게다가 아이에겐 허용되는 것보다 금지되는 게 더 많습니다. 이것저것 궁금하고 무엇이든 직접 만지고 조작하고 싶은데, 하는 것마다 "위험해. 넌 아직 어려서 안 돼." 이런 말을 들으니 화가 폭발하지요. 발달 시기 특성상 이 시기 아이들은 자기중심성이 강해서 주변 상황을 고려하거나 엄마 입장을 생각하는 건 기대하기 힘들어요. 이런 행동이 늘면 걱정이 커지겠지만 괜찮습니다. 원래 이 시기(25~36개월)를 지나면 떼쓰기는 점차 줄어드는 게 정상이니까요.

그런데 어떤 아이들은 떼쓰기가 지나야 할 시기에 오히려 더 큰 문제 행동들이 나타나기 시작합니다. 앞에서 본 지오, 서아, 강이 이야기로 다시 돌아가 볼게요. 짐작하겠지만, 세 아이의 엄마는 모두 무척 많이 애쓰셨어요. 혼내지 않으려 노력했고, 차분하게 말로 설명하려 애를 썼지만 효과는 없었지요. 지오 엄마는 결국 아이에게 화를 낼 수밖에 없었다고 말했고, 서아 엄마는 자꾸 아이를 재촉하고 모진 소리를 했다고 말했습니다. 강이 엄마는 다른 엄마들의 시선에 자존심이 상해서 아이를 큰소리로 다그쳤다고 했습니다.

저는 엄마들에게 화를 내면서 아이에게 무슨 말을 했는지 물어봤어요. 여러분도 어렵지 않게 그 대답을 짐작할 수 있을 겁니다.

—— 넌 도대체 왜 그래? 왜 말을 안 들어? 나중에 뭐가 되려고 그러니?
—— 왜 이렇게 엄마를 힘들게 해. 너 때문에 엄마가 얼마나 창피했는지 알아?

이런 말을 들은 아이는 자기가 뭘 잘못했는지, 엄마 아빠가 왜 화를 내는지 정확하게 알지도 못한 채 혼이 나서 상처받고 주눅 들고 불안에 휩싸일 수 있어요. 그런데 이보다 더 치명적인 점이 있습니다. 바로 아이가 자기 자신에 대해 갖는 생각이 부정적으로 형성될 수 있다는 것입니다.

아이는 부모라는 거울을 통해 자기 인식을 하기 시작합니다. 부모가 나를 보며 미소 지으면 내가 사랑스러운 사람이라 인식하고, 부모가 나의 행동을 칭찬하면 스스로에 대해 뿌듯해하며 자신감이 생기지요. 아이가 잘하거나 못하거나 상관없이 있는 그대로의 존재를 사랑한다고 말해 주면, 아이도 스스로를 아끼고 존중하는 자존감을 형성하게 됩니다. 그런데 부모로부터 부정적인 말, 무섭고 두려운 말을 들으면 아이는 자기 자신을 어떤 사람으로 인식하게 될까요?

부모가 화낸 걸 탓하려는 게 아닙니다. 부모도 사람인데 답답하고 막막한 상황에서 화가 나는 건 어쩔 수 없지요. 다만 화가 날 때 아이를 무섭게 혼내는 대신 다르게 표현하려는 노력이 필요합니다. 그럼 차분하게 말로 한다면 다 괜찮아질까요? 그렇지 않습니다. 아무리 화내지 않고 차분하게 말해도 아이의 잘못만 지적한다면, 아이는 자기 자신을 문제가 많은 아이로 생각하게 되지요. 그러면서 점차 부정적인 자아개념을 갖게 되고, 자존감에 문제가 생기게 됩니다. 그리고 부정적인 자존감에서 비롯된 문제 행동이 반복되어 악순환의 구조로 들어서게 되는 것이지요.

아이의 사회성의 뿌리는 부모와의 관계에서 자라기 시작한다는 점도 늘 유의해야 합니다. 엄마 아빠가 평소에 미소 짓고 이야기하며 아이를 가르친다면, 아이는 엄마 아빠를 믿고 따르며 사람 간의 관계가 서로 믿고 협동하며 즐겁게 어울리는 것이라는 사실을 배우게 됩니다. 아이가 잘못하더라도 아이의 힘든 마음은 따뜻하게 다독이되 지켜야 할 행동 규칙을 잘 가르친다면, 아이는 혹시 다른 사람과 갈등이 생기더라도 얼마든지 관계를 개선할 수 있다는 사실을 깨닫게 되지요. 이런 과정을 통해 아이는 긍정적인 인간관계의 기초가 되는 정서와 태도를 형성합니다.

반면에 부모가 아이를 자주 지적하고 비난한다면, 아이는 세상 사람들을 믿지 못하고 관계 맺기에 어려움을 겪으며, 타인의 시선을 지나치게 신경 쓰고 눈치를 볼 수 있습니다. 그리고 부모가 자신에게 말하고 행동하는 것과 똑같이 친구들을 대하게 됩니다.

어린이집에서 친구를 밀쳐서 문제가 되는 아이들이 종종 있지요. 그런 아이들의 속사정을 살펴보면, 안타깝게도 부모에게 무섭게 혼난 경험이 있거나, 부모의 부부 싸움에 자주 노출되었거나, 또는 방임되는 양육 환경에서 건강한 상호작용의 모델을 경험하지 못한 경우가 대부분이었습니다.

상담을 하며 아이들의 다양한 모습을 관찰하다 보면, 중요한 심리적 특징 두 가지를 발견하게 됩니다. 문제 행동이 많은 아이들은 자기 스스로를 부정적으로 생각해서 자존감이 낮고, 사회성이 부족하여 친구 관계에서 트러블이 많다는 공통점이 있었습니다. 반대로, 밝고 활발하며 새로운 것을 배우기를 즐기고 친구들과도 잘 지내는 아이들은 공통적으로 자존감이 높고 사회성도 건강하게 잘 발달하는 모습을 보였습니다. 그런 아이들은 속상한 일이 생겨도 친구들과 어울려 놀며 부정적인 감정을 훌훌 털어 버리고 다시 일상의 안정감을 되찾을 수 있었습니다.

결국 아이가 성장하는 데 있어 매우 중요한 두 가지 사실을 확인할 수 있습니다. 아이를 성장하게 하는 근원적인 내면의 힘은 자존감에서 나오고, 현실에서 아이를 이끌어 주는 힘은 사회성에서 비롯된다는 사실이지요.

따라서 아이가 어떤 문제 행동을 보인다 해도 부모는 아이의 자존감이 높아지고 사회성이 발달하는 방식으로 양육해야 합니다. 또한 유아기 양육에서 가장 중요한 자존감과 사회성은 부모와 아이의 관계에서 매 순간 만들어지고 있다는 사실을 잊지 말아야 합니다.

그렇다면 앞으로 어떻게 해야 할까요? 자존감과 사회성에 빨간불이 들어온 지오, 서아, 강이는 어떻게 달라질 수 있을까요? 아이 키우는 데 정답이 없다고는 하지만, 그럼에도 불구하고 육아 문제로 막막하고 답답할 때 나아갈 길을 밝게 비춰 주는 육아의 지혜는 분명히 있습니다.

자존감이란?
개인의 능력과 가치를 주관적으로 평가하는 것으로, 자신이 자랑스럽고 소중한 존재이며 다양한 문제에 유능하게 대처할 수 있고 사회에서 필요한 존재라고 믿는 마음.

사회성이란?
자기중심적 사고에서 벗어나 주변 환경 및 사람들과 효과적인 상호작용을 하며 유능한 사회구성원으로 살아가는 데 필요한 친사회적 행동 능력.

자존감과 사회성 위기의 징후

자존감은 아이의 내면 성장 전반을 뒷받침하는 기둥이며, 사회성은 현실 사회에서의 적응과 관계 맺기의 성숙을 뒷받침하는 기둥입니다. 그런데 아이들에게 자존감이나 사회성과 관련된 문제가 생길 때, 이 둘은 각각 따로 나타나기보다는 교묘하게 얽혀서 나타나는 경우가 많습니다. 그 대표적인 사례가 바로 초등 중학년 무렵부터 두드러지는 아이의 등교 거부 문제입니다.

어느 순간, 아이가 날마다 과제를 안 하려 하고 학교에 가지 않겠다고 말하기 시작합니다. 간혹 학교에서 경험한 어떤 사건으로 인해 갑자기 나타나는 증상일 수도 있습니다. 그러나 25년간 아이들의 아픈 마음을 치유하며 살펴본 결과, 대부분의 경우는 몇 년간 아이에게 누적된 심리적 어려움이 현실로 나타나는 것이었습니다. 아이들은 대개 등교 거부의 원인을 친구 문제 때문이라고 이야기합니다. 즉, 사회성 관련 문제로 치부하는 것이지요. 아이들의 마음이 무너져 내리는 결정적인 계기는 대부분 친구 관계에서 문제가 생길 때입니다. 그러나 아이의 내면을 찬찬히 살펴보면 단순히 친구 관계 문제 때문만은 아니란 걸 알 수 있습니다. 망가진 자존감 문제가 오랫동안 도사리고 있었던 것이지요. 친구와의 관계 문제가 불거지기 전에 이미 아이는 스스로 좌절하고 막막해하고 있었습니다.

그런데 안타깝게도 이렇게 아이 내면의 상처가 많이 곪았을 때야 비로소 그 심각성을 인지하는 부모가 많습니다. 자존감과 사회성은 아이의 전반적인 성장을 뒷받침하는 중요한 기둥인 만큼, 그와 관련된 문제가 발생한다면 가능한 한 빠르게 원인을 파악하고 적절한 도움을 주는 것이 필요합니다. 물론 가장 좋은 것은 문제가 발생하기 전에 아이의 자존감과 사회성 발달 정도를 살펴보며 이를 제대로 키워 주는 것이겠지요.

그렇다면 우리 아이의 어떤 점에 주목해야 자존감과 사회성 문제의 징후를 파악할 수 있을까요? 다음에 제시한 세 가지 특성 중에 우리 아이가 한 가지라도 해당된다면, 아이의 자존감과 사회성을 좀 더 세심하게 점검해 봐야 합니다.

아이들과 상담하며 놀이 치료를 진행하려고 할 때 이렇게 말하는 아이들이 꽤 많습니다.

첫째, 미리 못한다며 포기하는 경우입니다.

전 그런 거 못해요. 할 줄 몰라요. 해 봤자 안 돼요. 하기 싫어요. 재미없어요.

원래 유아기 아이는 세상에 대한 호기심으로 무엇이든 궁금해하고 일단 해 보려 하는 경향이 강합니다. 하지만 새로운 것을 거부하거나 자신이 잘하지 못하는 것은 아예 시도조차 하지 않는 모습을 보이는 아이들이 있습니다. 자기 유능감이 부족해 자신의 능력을 평가절하하고 회복탄력성이 부족해 실패를 두려워하는 특성이 어느새 아이 내면에 강하게 자리 잡고 있는 것이지요.

둘째, 충동 조절이 어렵고 공격적 행동이 많아지는 경우입니다.

지금 할래요. 딴 건 안 해요. 나 상담 끊을 거예요.

상담실 상황입니다. 아이가 좋아하는 장난감이 옆방에 있고, 지금은 상담 중이라 가져올 수가 없습니다. 지금 상담실 안에 있는 장난감 중에 골라서 놀아야 한다고 상황을 설명해도 아이는 계속 우기고 떼를 쓰며 시간을 보내고 있습니다. 아이에게 아무리 안 되는 이유와 상황을 설명해도 감정 조절이 되지 않습니다. 아이는 마음의 충동을 조절하지 못하고 인내심이 부족한 까닭에 온갖 말로 떼를 씁니다. 심지어 자기 말을 들어주지 않으면 상담을 끊겠다는 협박까지 서슴지 않고 합니다. 심한 아이는 이럴 때 소리 지르고 물건을 던지며 떼를 쓰지요.

셋째, 자기표현력이 부족한 경우입니다. 많은 아이들이 싫은 건 짜증과 떼쓰기로 표현하지만, 정작 자기가 진짜 원하는 것에 대해서는 제대로 말하지 못합니다.

그냥요. 괜찮아요. 아무것도 아니에요. 상관없어요.

이런 아이들은 놀잇감을 제안하면 "그건 별로예요. 싫어요. 재미없을 것 같아요."라는 말은 곧잘 하지만, 그래서 원하는 게 뭔지 물으면

"모르겠어요. 없어요."라고 대답합니다. 아이를 진정시키고 원하는 걸 말하지 못하는 이유를 천천히 함께 찾아 보면 다음의 이유에 고개를 끄덕입니다.

> 왠지 말하면 안 될 것 같아서, 말해도 안 들어줄까 봐, 선생님이 싫어할까 봐, 말해 봤자 혼날 테니까.

그동안의 경험에서 아이는 자기 마음을 성숙하게 표현하는 법을 배우지 못한 것입니다. 그러니 떼쓰고 울며 소리 지르기는 잘하지만, 울지 않고 담담하게 자기 마음을 말하진 못하지요. 자기 마음을 제대로 표현하지 못하는 모습을 보이는 것은 언어 능력과는 별개의 문제입니다. 심리검사에서 언어이해 능력이 아주 높게 나온 아이조차 정작 자신이 진짜 원하는 걸 표현하는 데는 어려움을 겪는 경우가 숱하게 많답니다.

위의 세 가지 경우를 종합해 보면 다음과 같습니다. 작은 실수와 실패에도 좌절하지 않고 다시 힘을 내어 도전하는 '회복탄력성'이 부족하고, 눈앞의 욕구를 나중으로 미루고 지금 해야 할 일에 집중하는 '만족 지연력'이 부족하며, 자신의 마음을 있는 그대로 표현하는 '자기표현력'이 부족합니다. 이러한 세 가지 특성은 자존감의 부족에서 시작됩니다. 그리고 이런 모습은 친구들과의 관계에서, 즉 사회성을 발휘해야 할 때 고스란히 드러납니다.

느린 기질로 인해 부모에게 자주 혼난 4세 서아를 기억해 보세요. 어느 날 서아가 친구들이 자기를 따돌렸다고 엄마에게 하소연했습니다. 친구 두 명이 색칠 놀이를 하기에 자기도 같이 하자고 다가갔더니 아이들이 못 하게 했다며 상황을 아주 구체적으로 묘사했습니다. 엄마는 속상한 마음에 유치원 선생님께 연락해 아이들이 잘 어울릴 수 있도록 도와달라고 요청했습니다. 그런데 선생님 말씀은 전혀 달랐어요. 오히려 친구들이 서아에게 다가가 말을 걸어도 서아가 제대로 대답도 안 해 주고 잘 토라진다는 것이었습니다.

그저 느린 기질인 줄 알았던 서아가 엄마 아빠에게 자주 혼나더니 자존감에만 문제가 생긴 것이 아니라, 친구 관계에서 수동공격적인 모습을 보이며 사회성에서도 문제를 드러냈습니다. 자주 혼난 경험으로 인한 부작용이 친구를 적대적으로 인식하게 만든 것이지요. 아이가 자신의 온 세상이자 유일한 의지처인 부모에게 자주 무섭게 혼이 나면 세상 전부가 나를 공격할지도 모르는 두려운 존재로 인식될 수 있습니다. 결국 서아의 심리적 어려움은 부모와의 관계에서 시작해 사회적 관계에서 고스란히 나타나고 있었습니다.

수많은 발달심리학 연구에 따르면, 자존감이 높은 아이가 유치원과 학교에서 인지적·신체적으로 유능하며, 또래에게 잘 수용되고, 학교 스트레스에 더 잘 적응하며, 자아 존중적인 행동을 자주 보인다고 합니다. 또한 사회성이 좋은 아이가 다른 사람과 긍정적인 인간관계를 형성할 수 있으며, 이는 성장하는 아이의 행복감에 큰 영향을 준다고 강조합니다. 가족과 친척은 우리에게 저절로 주어진 관계이지만, 친구는 자신이 선택하는 대상인 만큼 친구 관계에서의 만족감은 아이에게 특별하게 다가오지요.

요약하자면 자존감과 사회성은 우리 아이의 전반적인 행복을 뒷받침하는 든든한 기둥 역할을 합니다. 이제 아이를 잘되게 하는 두 가지 마음의 힘, 자존감과 사회성에 대해 좀 더 깊이 알아보겠습니다.

주눅 들고
자존감이 무너지는 아이

자존감 높은 아이가 가진 세 가지

우리 아이가 어떤 아이로 자라길 바라나요? 그동안 만난 수많은 부모들에게 물어본 결과, 가장 많은 대답은 '행복한 아이'였습니다. 당연하지요. 아이가 밝게 웃으며 행복해하는 모습이 세상에서 가장 아름답고 소중하니까요. 한 번 더 질문할게요. 그렇다면 어떤 아이가 행복할까요? 많이 노는 아이? 공부를 잘하는 아이? 친구가 많은 아이?

　모두 우리 아이가 갖길 바라는 능력들입니다. 그렇다면 이런 능력을 갖추기만 한다면 아이는 행복해질까요? 안타깝게도 그렇지 않았습니다. 친구와 잘 어울리는 것처럼 보이지만, 잠시라도 혼자 있게 되면 심심해 어쩔 줄 모르고, 친구 간에 작은 갈등만 생겨도 엄마에게 칭얼거리는 아이도 있습니다. 잘하는 게 많아 남들의 부러움을 받는 아이도 자기가 이기지 못하면 화내고 감정을 폭발하기도 하며, 질까 봐 늘 불안에 시달리고 자기보다 더 잘하는 아이가 나타나면 자기 비하에 빠지곤 했습니다. 이렇듯 특정한 조건을 갖춘다고 해서 아이가 행복한 건 아니라는 사실을 분명히 알 수 있습니다.

서울대학교 행복연구센터에서는 행복이란, "우리의 마음이 재미와 의미, 그리고 몰입으로 인해 즐거운 상태"라고 정의했습니다. 미국의 심리학자 미하이 칙센트미하이(Mihaly Csikszentmihalyi)도 외부 상황에 의존하는 행복감보다 놀이나 과제에 스스로 몰입함으로써 경험하는 행복감이 진정한 가치가 있다고 강조했습니다. 상담실에서 아이들에게 "어떨 때 가장 행복해?"라고 물으면 "그림 그릴 때요.", "놀이터에서 놀 때요." 등 몰입 상황을 대답하는 아이들이 많습니다. 몰입을 경험한 아이들은 활동이 끝난 후에 "시간이 벌써 다 됐어요? 너무 재미있었어요. 또 하고 싶어요."라고 말합니다. 몰입 후의 상기된 뺨과 초롱초롱한 눈빛에서 보이는 뿌듯함과 충만감이 바로 진정한 행복감일 것입니다.

그렇다면 어떤 아이가 재미와 의미가 있는 일에 몰입할 수 있을까요? 바로 자존감이 높은 아이입니다. 지나간 실수와 실패에 집착하면 후회와 원망만 남고, 나중에 생길 일에 대한 걱정이 과하면 안절부절 일이 손에 잡히지 않습니다. 크고 작은 실패와 부정적인 자극에도 중심을 잘 잡고 자신의 가치를 믿고 앞으로 나아가는 힘, 바로 자존감이지요. 자존감이 높은 아이는 무언가 마음에 들지 않는 상황이 생겨도 이내 마음을 조절하여 하던 일에 몰입할 수 있습니다. 그렇다면 다음의 상황에서 우리 아이는 마음을 조절할 수 있을지 생각해 볼까요?

—— 엄마가 장난감을 사 주지 않겠다고 할 때
—— 동생이 내가 만든 블록 성을 무너뜨렸을 때
—— 수학 학습지 한 장을 풀어야 할 때
—— 친구가 나랑 안 논다고 했을 때

분명 조금 전까지 기분이 좋았는데, 이런 자극이 왔을 때 "엄마는 맨날 안 사 줘!", "동생이 없어졌으면 좋겠어!", "수학 문제 풀기 싫어!"라고 소리 지르며 짜증 내는 아이도 있습니다. 친구가 자기와 안 놀아 준다고 해서 유치원에 가기 싫다며 우는 아이도 있지요. 자존감이 낮은 아이는 부정적인 자극이 왔을 때 이렇게 타인을 공격하거나 혹은 "엄마 나 안 사랑하지! 내가 없어지면 좋겠지!"라고 자기를 비하하는 방식으로 반응하며 작은 일이 마치 전부인 것처럼 왜곡된 해석을 하기도 합니다.

그렇다면 반대로 자존감이 높은 아이는 어떨까요? 엄마가 장난감을 사 주지 않을 때는 "엄마, 그럼 크리스마스 선물로 꼭 사 주세요."라고 말할 수 있고, 동생이 내가 만든 블록 성을 무너뜨렸을 때는 "다음엔 조심해."라고 말하고 방해받지 않는 공간을 찾아 다시 블록 쌓기에 몰두할 것입니다. 아직 수학 공부가 재미있지 않아도 "나 혼자 할 수 있어요."라며 과제를 완성하려는 의지를 보이기도 합니다. 친구가 나랑 안 논다고 말하면 조금 당황스럽긴 하겠지만, 그래도 "다음에 놀자."라고 반응할 수 있습니다.

간단한 행동 사례지만, 자존감이 높은 아이에게선 속상한 마음을 조절하는 자기 조절력, 부정적인 외부 자극에 대한 유연한 대처 능력, 실패나 좌절 후에 다시 시도할 수 있는 회복탄력성을 엿볼 수 있지요. 결국 이런 마음의 힘을 가져야 우리 아이가 행복한 사람으로 성장할 수 있습니다.

그런데 아이를 키우는 현실은 그리 녹록하지 않습니다. 부모는 아이의 자존감을 키워 주려 노력하는데도 아이에 대한 걱정거리가 늘어가는 상황이 너무나 많지요. 앞에서 소개한 5세 강이의 사례를 좀 더 깊이 살펴보면서 함께 그 이유를 생각해 볼까요?

엄마가 보는 아이, 아이가 생각하는 나

5세 강이는 승부욕이 발동하면 규칙을 어기거나 제멋대로 할 때가 많고, 양보도 잘 안 하고, 주변 상황이나 분위기 파악을 못 하고 자주 고집부리며 떼를 쓴다고 했습니다. 언뜻 보면 강이는 자존감이 높은 아이로 보입니다. 씩씩하고 활발하게 잘 놀고 승부욕까지 있으니까요. 그런데 강이는 왜 규칙을 어기고 제멋대로일까요? 이런 모습을 보일 때, 아이의 행동 하나하나를 다루기보다 자존감 문제를 먼저 살펴보는 것이 필요합니다. 아이가 전혀 주눅 들지 않고 자신감이 부족해 보이지도 않는데 자존감 문제라 하니, 부모 입장에서는 뜬금없다는 생각이 들 수도 있습니다.

차근차근 그 실마리를 풀어 가 보겠습니다. 아이의 자존감 정도를 알아보는 방법 가운데 하나가 바로, 아이가 자신을 어떤 사람이라고 생각하는지 보여 주는 '자아지각의 정도'를 파악하는 것입니다.

다음 페이지의 표의 문항은 미국의 심리학자 수전 하터(Susan Harter)와 로빈 파이크(Robin Pike)가 만든 '유아의 자아지각을 측정하는 척도 질문들' 가운데 일부입니다. 이 검사를 아이와 부모의 인식 차이를 알아보는 방식으로 활용해 보면, 아이의 자존감을 이해하는 데 큰 도움이 됩니다. 먼저 아이에게 표에 제시된 질문들을 묻고 아이의 대답에 맞춰 ★ 표시해 보세요. 그런 다음 부모가 직접 우리 아이에 대해 ○ 표시해 보세요. 아이의 자존감에 대해 아이 스스로가 생각하는 정도와 부모 생각의 차이를 알 수 있습니다.

다음 페이지의 표를 통해 강이와 엄마가 체크한 내용을 살펴보겠습니다. 총 점수를 계산해 보니, 엄마는 54점, 아이는 36점입니다. 엄마가 생각하는 것보다 아이 자신의 자아지각 점수가 훨씬 더 낮습니다.

부모는 해당 항목에 대해 아이와 또래들을 비교하여 '잘한다, 못한다'를 객관적으로 평가할 수 있지만, 아이는 '스스로 자신을 어떻게 생각하는가', 즉 자존감을 바탕으로 점수를 매긴 것입니다. 따라서 해당 항목에 대해 객관적으로 잘하는 모습을 보일지라도 아이가 자신에 대

	우리 아이는	매우 그렇지 않다	그렇지 않다	보통이다	그렇다	매우 그렇다	합계
1	퍼즐을 잘 맞춘다.		★		○		
2	한 발로 뛰기를 잘한다.			○★			
3	함께 놀 친구가 많다.		★		○		
4	엄마가 함께 놀아 준다.		★		○		
5	수를 잘 센다. 숫자 놀이를 잘한다.			★		○	
6	단추를 잘 끼운다.	★		○			
7	친구들이 놀이에 참여시켜 준다.	★		○			
8	엄마가 친구를 집에 놀러 오게 한다.		★	○			
9	색깔 이름을 잘 안다.				○★		
10	가위로 오리기를 잘한다.		○	★			
11	친구들이 장난감을 나눠 준다.	○★					
12	엄마가 안아 준다.			★	○		
13	설명을 잘한다.		★	○			
14	빨리 달리기를 잘한다.				○★		
15	친구들이 옆에 앉으려고 한다.	★		○			
16	엄마와 함께 이야기를 나눈다.		★		○		
	아이의 평가 ★	4	12	12	8	0	36
	엄마의 평가 ○	1	2	18	28	5	54

매우 그렇지 않다: 1점 ｜ 그렇지 않다: 2점 ｜ 보통이다: 3점 ｜ 그렇다: 4점 ｜ 매우 그렇다: 5점

해 '못한다, 부족하다'며 부정적으로 생각한다면 아이의 자존감이 낮다고 볼 수 있습니다.

앞 페이지의 표의 문항들은 신체 능력, 인지, 엄마 수용, 또래 수용, 네 가지 영역의 질문으로 구성되어 있습니다. 엄마 수용은 아이가 엄마에게 느끼는 친밀감과 결속의 정도를 보여 주는 항목입니다. 또래 수용은 아이가 친구들과의 관계에서 느끼는 친밀감과 소속감의 정도를 보여 주는 항목입니다. 영역별로 엄마가 아이에 대해, 아이가 스스로에 대해 인식하는 자아지각에 어떤 차이가 있을까요?

영역	문항 번호	아이의 평가	엄마의 평가
신체 능력	2, 6, 10, 14	11	12
인지	1, 5, 9, 13	11	16
엄마 수용	4, 8, 12, 16	9	15
또래 수용	3, 7, 11, 15	5	11

매우 그렇지 않다: 1점 | 그렇지 않다: 2점 | 보통이다: 3점 | 그렇다: 4점 | 매우 그렇다: 5점

아이는 자신의 신체 능력과 인지, 엄마 수용은 중간 정도로 지각하고 있지만, 또래 수용은 부정적으로 지각하고 있습니다. 그에 비해 엄마는 아이에 대해 모든 영역에서 중간 이상이라 생각하고 있고, 그중에서도 인지 능력은 꽤 좋은 편이며, 엄마 스스로 아이를 수용하는 정도도 높게 생각하고 있습니다.

영역별 엄마와 아이의 인식 차이에 대해 좀 더 살펴보겠습니다. 신

체 능력은 엄마와 아이가 비슷하게 판단하고 있습니다. 그런데 나머지 영역에서는 엄마와 아이의 인식 차이가 크게 나타나고 있습니다. 엄마는 대부분 잘하고 있다고 생각하지만 아이는 그렇지 않다고 생각하는 게 많았던 것입니다. 아이는 정서 자존감의 근원이 되는 엄마 수용에 대해서는 중간 정도의 자아지각을 보였지만, 사회성의 근간이 되는 또래 수용에 대해서는 상당히 낮은 자아지각을 보이고 있습니다. 여기서 강이가 규칙을 어기고 자주 떼를 쓰는 이유를 짐작할 수 있습니다. 친구들이 자신을 잘 받아주지 않으니 고집부리고 떼를 써야 원하는 걸 얻을 수 있다고 생각한 것이지요.

특히 인지 영역은 눈여겨볼 부분입니다. 엄마는 아이의 인지 능력이 우수한 편이라 생각하지만, 아이는 중간 정도로 생각하고 있습니다. 유독 승부욕이 높은 아이가 인지 영역에서 자존감이 낮았기 때문에 스스로를 부족하고 잘하지 못한다고 생각했던 것이지요. 그래서 늘 초조해했고, 나보다 더 잘하는 아이가 있으면 더 긴장되고 불안해지면서 이런 심리가 공격적 행동으로 표현되었습니다.

강이처럼 부모가 보기에는 여러 가지 능력이 잘 발달하고 있는 아이일지라도 이렇듯 자존감이 낮아 문제가 발생하는 경우가 있습니다. 혹시라도 우리 아이가 친구보다 못하는 게 많다고 생각하고 주눅 든 모습을 보이거나 과하게 심술을 부린다면, 먼저 아이의 자존감이 어떻게 발달하고 있는지 살펴봐 주세요. 아이에게 괜찮다는 말만 하거나 특정 능력만 키워 준다고 해서 자존감이 높아지는 건 아니라는 사실을 알면 좋겠습니다. 이러한 경우, 우리 아이의 자존감을 높이는 특별한 솔루션이 필요합니다.

자존심이 아니라 자존감 높은 아이로

자존감과 자존심의 차이는 널리 알려져 있어서 대부분 잘 알고 있습니다. 자존감은 자기 스스로를 귀하게 여기고 존중하는 마음을 말합니다. 남과 비교해서가 아니라, 있는 그대로의 자신을 긍정하는 데서 비롯되는 마음이지요. 반면, 자존심은 남과 비교하여 굽히지 않고 자신을 지키는 마음을 말합니다. 비교와 경쟁을 기반으로 하기에 자존심이 강할수록 남보다 못하면 쉽게 마음이 상합니다. 자존심을 세우기 위해 잘난 척을 하거나 못 하는 걸 할 줄 안다고 거짓말까지 하게 되는 경우도 있습니다. 그러니 자존심을 세우다 보면 오히려 자존감이 떨어집니다. 남과 자신을 비교하며 어떻게든 이기려 드는 건 자존감이 아니라, 자존심에서 비롯된 행동이라는 사실을 알아야 합니다.

문제는 아이의 자존감과 자존심이 구체적으로 어떻게 드러나는지 부모들도 잘 모르는 경우가 많다는 것입니다. 그럴 때는 다음의 두 가지 상황에서 아이의 행동을 관찰해야 합니다. 다른 아이들과 함께 놀이나 과제를 수행하는 상황에서 아이가 친구와 자신의 결과를 비교하는지의 여부, 실수하거나 실패한 상황에서 아이의 반응이 어떤지 살펴보는 것이지요.

수학 시험에서 자기는 한 개 틀렸는데 친구는 100점을 받았습니다. 이때 아이가 무슨 말을 하나요? 만약 100점 받은 친구를 질투하는 마음이 생긴다면 아이의 자존감이 높다고 하기 어렵습니다. 누구는 몇 점을 받았는지 자꾸 비교하는 행동이 바로 자존심과 연결되어 있는 행동입니다.

자존감이 높은 아이라면, "엄마, 나 지난번보다 잘했지?"라며 자신의 지난 점수와 비교해 어떤 점이 나아졌고, 어떤 점이 부족했는지 분석하고 다음에는 어떻게 대비하는 것이 좋을지 생각하는 모습을 보입니다. 만약 지난번보다 나아졌거나 자신이 노력한 만큼의 결과가 나왔다면, 100점 받은 친구가 여럿이어도 아이는 충분히 만족하면서 다음 시험을 위한 대비를 할 수 있지요. 도전했다가 실패하거나 틀려도 다시 도전할 힘을 내는 것 역시 자존감이 높은 아이들의 공통적인 태도입니다.

미술 수업 시간입니다. 아이들이 모두 정성껏 그림을 그렸지만 그림의 완성도는 차이가 날 수밖에 없어요. 선생님이 한 명의 아이에게 잘 그렸다고 칭찬을 합니다. 칭찬을 듣지 못한 두 아이의 반응입니다.

A   선생님은 ○○이만 좋아해. 맨날 ○○이만 칭찬하고!

B   내 그림은 얼굴 부분이 이상하네. 어떻게 하면 잘 그릴 수 있을까?

어떤 차이가 느껴지나요? 한 아이는 질투를 하고, 한 아이는 자신도 좀 더 잘 그리는 방법을 배우고 싶어 합니다. 이렇듯 같은 상황에서 아이들이 다른 모습으로 반응하는 심리적 이유가 바로 자존감의 차이에 있었던 것입니다. 자존감이 낮으면 자기 스스로를 긍정적으로 평가할 줄 모르니 타인의 평가에 민감해지고, 칭찬받지 못하면 불안해집니다.

나름 애썼지만 결과가 나빴을 때, 실수로 어떤 일을 망쳤을 때, 또는 성적이 나쁘거나 시합에서 졌을 때 아이가 보이는 모습이 바로 자존감을 가장 명확히 파악할 수 있는 척도입니다.

—— 속상하지만 내가 실수한 것 같아. 다음에는 좀 더 조심해야겠어.
—— 좀 더 연습하면 괜찮을 거야. 한번 해 볼게.
—— 어려워도 끝까지 해 보고 싶어.

이런 말에서 자존감 높은 아이의 특성을 엿볼 수 있습니다. 속상한 감정을 조절하는 자기 조절력, 실패를 극복하고 다시 도전하는 회복 탄력성, 그리고 속상한 마음과 자신이 바라는 것을 솔직하게 표현하는 자기표현력이 모두 건강하게 자라고 있다는 걸 알 수 있지요. 혹자는 자존감이 너무 높아도 문제라고 말하기도 하지만, 사실 이는 자존감이 높아서 생긴 부작용이 아니라 지나치게 자존심을 세울 때 나타나는 현상입니다.

그런데 아이의 자존감을 키워 주기 위한 방법과 관련해 부모들이 흔히 실수하는 것이 있습니다. 막연한 칭찬을 해서 오히려 부작용을 낳는 경우가 바로 그것입니다. 딱 봐도 그림을 그리 잘 그리지 않았고, 블록으로 성을 만들려다 실패했는데도 부모는 아이를 격려하고 자존감을 높여 주려는 의도로 "와, 잘 그렸다.", "잘 만들었어!"라고 칭찬하곤 합니다. 하지만 무엇을 잘했는지에 대한 근거가 없으면 아이는 칭찬의 진정성을 의심하고, 못했는데 그냥 위로해 주려 거짓 칭찬한 것으로 받아들이면서 자신감을 잃기도 합니다.

또한 과정을 칭찬하지 않고 결과만 놓고 잘했다 칭찬하는 일이 반복되면, 아이는 좋은 결과를 내야 한다는 압박감과 불안이 높아질 수 있습니다. 그래서 무리하게 반칙을 하거나 커닝을 해서라도 좋은 결과를 내려 욕심부리기도 합니다. 자존감을 높이는 칭찬의 방법에 대해서는 뒤에서 자세히 알아보겠습니다.

자존감은 문제없을 때 하는 칭찬으로 달라진다

지오, 서아, 강이, 세 아이의 자존감을 어떻게 높일 수 있을까요? 아이들이 놀이하는 장면을 관찰해 보니 이런 말을 자주 합니다.

지오 난 못해. 시시해. 하지마. 미워! 아무도 날 안 좋아해.

서아 내가 안 그랬어. 안 할래요. 해 봤자 안 돼요. 재미없어요.

강이 OO이가 더 못해요. 내가 더 잘해요. 선생님은 OO이만 좋아해.

아이들의 말 속에 숨어 있는 심각한 의미를 여러분도 이제 눈치챘을 겁니다. 아이들이 자기 능력을 과소평가하며 새로운 과제를 시도하지 못하고, 실패하면 끝이고 다시 회복하지 못할 거라 생각하며, 타인과 비교하고 불안해한다는 것을 알 수 있습니다. 이렇게 스스로를 무시하고 믿지 못하니, 자신감, 자기 유능감, 회복탄력성이 모두 부족합니다. 즉, 자존감이 부족할 때 나타나는 증상들입니다.

세 아이의 기질이 모두 다르지만, 사실 근본적으로 아이들의 자존감을 치유하는 원리는 모두 같습니다. 지오 이야기를 통해 아이들이 어떻게 달라질 수 있는지 알아보겠습니다. 지오 엄마와 더 깊이 이야기를 나누는 과정에서 아이가 짜증을 내면 부모가 아이에게 어떤 말을 했는지 질문했습니다.

―――― 울지 말고 말로 해야지. 울면 엄마가 네 마음을 알 수가 없잖아. 울음 그치고 또박또박 말해.

―――― 물건을 던지면 안 돼. 엄마가 안 된다고 했잖아. 깨지면 어떡해. 너 다친단 말이야.

부모라면 누구나 하는 말입니다. 잘못된 말은 없습니다. 그런데 부드럽게 말하면 아이가 엄마 아빠의 말을 무시하고, 화를 내며 말하면 아이가 놀라서 잠시 멈추기는 하지만 또다시 문제 행동을 반복합니다. 부모의 말이 아이 마음에 파동을 일으켜야 하는데 조금도 그렇지 못한 것이죠. 여기서 짚어 봐야 할 중요한 점 한 가지가 있습니다.

> 상담사   아이가 울거나 물건을 던질 때 말고, 혼자 놀거나 편안하게 잘 있을
>   때는 뭐라고 말해 주시나요?
> 지오 엄마 아무 말도 하지 않죠. 조용히 좀 더 잘 놀기를 바랄 뿐이죠.

많은 부모들이 아이가 잘 놀거나 안정되어 있을 때는 별말을 하지 않고 있다가, 문제를 일으키면 그제야 말하기 시작합니다. 아이가 편안하게 자기 할 일을 할 때 지금 무엇을 잘하고 있는지에 대한 칭찬과 지지와 격려의 대화, 아이가 어떤 강점을 발휘하고 있는지 찾아 말해 주는 대화가 턱없이 부족합니다.

아이가 울고 소리치기 시작하고 나서야 부모는 아이의 마음을 진정시키려 애를 쓰지요. 그러나 그보다 중요한 건 부모도 아이도 화가 나지 않는 것이고, 그 방법은 바로 아이의 소소한 행동에서 구체적인 칭찬거리를 찾아 칭찬하고, 어려운 걸 참고 있으면 격려하고, 노력하고 있으면 지지해 주는 대화를 하는 것입니다.

지오 엄마에게 한 가지 코칭을 했습니다. 지오의 '잘하는 점' 찾기입니다. 대부분의 부모는 생각보다 이 미션을 굉장히 어려워합니다. 한두 가지를 찾고 나서 더 없는 것 같다고 말하는 분도 있습니다. 아이가 태어나서 하루하루 성장해 가는 모든 과정은 기적과도 같은데, 우리 아이가 잘하는 게 한두 가지밖에 없다니요. 걱정과 불안이 눈앞을 가

려 아이의 장점을 찾지 못하는 것은 아닐까요? 아이를 보는 시각을 먼저 바꾸는 것이 중요합니다. 아이가 잘하는 점을 쉽게 찾도록 도와주기 위해 지오 엄마에게 다르게 질문했습니다.

—— 평화로운 일상을 보낼 때 아이는 무엇을 하고 있나요?
—— 아이가 웃으며 잘 지낼 때는 누구와 함께 있나요?
—— 아이가 밥 먹을 때 잘하는 것은 무엇인가요?
—— 잠자리에 들 때는요?
—— 아이가 기분 좋을 때 어떤 행동을 하나요?
—— 기분이 좋을 때 아이는 어떤 말을 하나요?

이렇게 구체적인 상황에서 아이의 말과 행동, 모습과 태도 등을 자세하게 물어보니 비로소 전혀 알지 못했던 지오의 멋진 모습들이 나왔습니다.

지오 엄마　　밥을 잘 먹어요. 반찬도 별로 가리지 않고 당근이나 샐러드도 잘 먹죠. 다들 지오가 먹는 걸 보면 놀라고 칭찬을 많이 해요. 잘 흘리고 지저분하게 먹지만……. 블록 놀이를 시작하면 집중을 잘해요. 그러다 마음대로 안 되면 또 소리를 지르죠.

상담사　　어머니, 잠깐만요. 뒤에 토를 달지 마시고 그냥 아이가 잘하는 행동을 사진으로 찍었다 생각하고 그 행동만 묘사해 주세요.

지오 엄마 아, 제가 자꾸 그랬나요?

상담사   네, 습관적으로 아이의 문제점을 말씀하시는 것 같아요. 지오는 또
          어떤 점을 잘하고 있나요?

지오 엄마 유치원 가방도 혼자 잘 챙겨요.

약간의 코칭으로, 지오 엄마는 평범한 일상에서 지오의 수많은 장점
을 찾아낼 수 있었습니다. 다만 말끝마다 아이의 부정적 행동을 말하
는 습관을 수정하는 데는 시간이 필요했지요. 지오 엄마가 말한 아이
의 칭찬거리를 정리해 보았습니다.

⸻ 우리 지오는 밥을 참 맛있게 잘 먹어. 채소도 잘 먹어서 엄마가 얼마나
      자랑스러운지 몰라.

⸻ 블록 놀이 할 때 진짜 집중을 잘해. 만드는 모양도 멋지고. 어쩜 그렇게
      좋은 생각을 많이 하니?

⸻ 유치원 가방도 혼자 잘 챙기잖아. 정말 훌륭해.

엄마는 이 칭찬을 지오 입장에서 듣는 경험을 해 보았습니다.

상담사   지오의 마음으로 들으니 어떤가요?

지오 엄마 기분이 참 좋아요. 왠지 마음이 따뜻해지네요. 우리 지오가 잘하는
          게 참 많네요······.

지오 엄마는 이렇게 말하며 눈물이 핑 돕니다. 지오가 아무리 문제 행동을 해도 이런 기특한 모습을 보일 때가 많다는 사실이 놀랍지 않나요? 물론 이런 긍정적인 행동을 보이는 시간이 매우 짧을 수는 있어요. 그 시간을 늘리고 싶다면 더더욱 아이가 잘하고 있을 때 그 행동을 지지하고 강화해 주어야 합니다. 이제 집에 가서 실천할 일이 남았어요.

> 하루 세 번 아이의 행동을 구체적으로 칭찬하기
> 아침에 깨울 때, 등원 준비할 때, 하원 후, 놀 때, 저녁 식사 시간에, 잠자리에 들 때 중에서

하루에 세 번 일주일 동안 날마다 아이를 칭찬해 주면 어떤 일이 생길까요? 유아기 아이들은 생각보다 꽤 드라마틱한 변화를 보이는 경우가 많습니다. 정말이에요. 문제 행동이 아주 많았던 아이가 이런 방식의 치료 과정을 통해 불과 몇 회기 만에 행동이 완전히 달라지는 걸 보면서 부모는 이렇게 쉬운 걸 아이에게 못 해 준 게 너무 가슴 아프다고 했지요.

이런 방식으로 접근하니 지오, 서아, 강이, 세 아이 모두가 신기하게도 칭찬해 준 행동은 점점 늘어나고, 문제 행동은 줄어들었습니다. 감탄스러운 점은 아이들이 자신을 묘사하는 말도 달라지고 있다는 점이었어요.

- 이제 물건을 집어 던지지 않아요. 던지는 건 나빠요.
- 그땐 몰라서 그랬는데, 이젠 안 그래요.
- 이제 잘 참아요. 그래야 훌륭한 사람이니까요.

물론 모든 아이가 빠르게 극적으로 달라지는 건 아니에요. 아이의 기질에 따라서, 그동안 쌓인 마음의 상처가 얼마나 깊은가에 따라서, 다른 심리적 문제의 여부에 따라서 시간이 훨씬 더 걸리기도 하지요. 그럼에도 불구하고 분명한 것은 이렇게 아이가 잘하고 있는 것에 초점을 둔 칭찬이 아이의 마음을 치유하고, 더 나은 행동을 하려는 의욕과 동기를 불러일으킨다는 사실입니다. 아이의 자존감은 칭찬을 받으면서 달라지기 시작합니다.

발달 시기에 맞춘 칭찬의 기술

그런데 이상하지 않나요? 지오 엄마가 지금까지 아이에게 칭찬을 안한 게 아닌데 왜 효과가 없었을까요? 43쪽에서 언급했듯이 잘못된 칭찬은 아이에게 오히려 독이 될 수 있습니다.

학자에 따라 칭찬에 대한 여러 견해가 있지만, 칭찬의 원칙은 단순합니다. 칭찬은 첫째, 아이가 하는 행동이 바람직한지 아닌지를 알려주는 지침이 되어야 하고, 둘째, 아이가 자신을 긍정적으로 평가하는

데 도움이 되어야 합니다.

구체적인 말로 하는 칭찬은 아이의 자아인식이 시작된 이후부터 필요합니다. 그렇다면 자아인식은 언제부터 시작될까요? 자아인식에 대한 재미있는 실험이 있습니다. 미국의 정신과의사이자 발달심리학자 마이클 루이스(Michael Lewis)와 동료는 영아의 코에 립스틱을 묻힌 다음 거울 앞에서 아이가 자신을 인식하는지 살펴보았습니다. 거울 속 모습이 자신이라는 사실을 인식하는 아이는 자기 코에 묻은 립스틱을 만지고, 그렇지 못한 아이는 거울에 비친 아이의 코를 만지는 것이지요. 이렇게 아이가 스스로를 인식하는 것은 빠르면 15개월에서 시작해 24개월 무렵에 대부분 가능해집니다.

자아인식이 시작되면, 부모의 칭찬은 아이의 내면에 자기 자신에 대한 평가로 자리 잡기 시작합니다. 장난감을 통에 넣고 뚜껑을 잘 닫았을 때, 그림을 그릴 때, 숟가락질을 할 때 아이는 부모의 평가를 확인하기 위해 엄마 아빠를 쳐다보며 반응을 요구하기 시작합니다. 결국 아이는 부모의 반응을 살피면서 자신이 잘했는지 아닌지를 확인받는 것이지요.

그렇다면 아이가 자아인식을 하기 전에는 어떤 식으로 칭찬해야 할까요? 아이의 발달 시기별로 칭찬이 어떻게 달라져야 하는지 알아보겠습니다.

0~24개월 아이가 놀이나 활동을 시도할 때마다 활짝 웃으며 박수

를 치고 엄지를 척 들면서 "잘했어. 멋지다. 훌륭해!"라고 말해 주세요.

이 시기 아이는 칭찬 말의 내용보다 긍정적인 감정 반응과 감탄을 더 강하게 인식합니다. 부모의 이런 반응을 통해 아이는 기뻐하며 자기가 잘한다고 생각하게 되고, 이런 경험들이 누적되면서 스스로 잘했는지 못했는지도 평가할 수 있게 됩니다. 칭찬을 통해 안정된 정서를 형성하고 긍정적인 자존감의 뿌리를 만들기 시작합니다.

24~36개월 아이가 놀이에 집중할 때 "블록을 잘 꽂으려 애쓰네.", "색칠을 꼼꼼히 하는구나."와 같은 말로 행동을 구체적으로 칭찬해 주세요. 무조건 잘했다며 치켜세우는 칭찬은 피해 주세요.

24개월 무렵부터 아이가 말귀를 알아듣기 시작하면서 아이에게 하는 칭찬 말이 아이의 내적 동기 형성에 큰 영향을 준다는 점에 유의해야 합니다. 미국 심리학자 수전 캠벨(Susan Campbell)을 비롯한 학자들에 따르면, 아이가 36개월 즈음 되었을 때 가지는 자기주도적 감정과 숙달 목표는 24개월 무렵에 부모가 아이의 행동에 대해 했던 피드백과 관련이 있다고 합니다. 숙달 목표란 능력을 향상하기 위해 배우고 익히는 활동 자체가 목표인 것을 말합니다. 숙달 목표가 있는 아이는 결과의 성패보다는 활동을 익히며 능숙해지는 과정에 초점을 두기 때문에 도전감 있는 과제를 잘 받아들이며 지속적으로 노력하는 모습을 보입니다.

따라서 아이가 24개월 되었을 무렵부터 아이의 행동에 대해 긍정적인 칭찬을 자주 해 주면, 아이는 서서히 옳고 그름의 평가 기준을 인식하게 되고, 시간이 지나면서 점차 자신이 잘하고 있다는 긍정적 자아개념을 형성해 나갑니다. 또한 그림 그리기도 숟가락질도 잘하고 싶어 꾸준히 노력하려 드는 내적 동기를 갖게 되고, 어려운 일에 맞닥뜨리거나 실수를 해도 포기하지 않는 끈기가 발달합니다.

숙달 목표와 반대되는 개념인 수행 목표가 강한 아이는 타인과의 비교와 평가에 초점을 두어 과정보다 결과에 관심이 많습니다. 아이가 24개월 정도 되었을 무렵부터 부모가 아이의 행동에 대해 "틀렸어, 잘못했어, 안 돼, 옳지 않아, 나빠, 넌 고집이 너무 세." 등의 부정적이고 비판적인 피드백을 자주 한다면, 아이에게 부정적인 자아개념, 즉 수치심을 갖게 한다는 사실을 염두에 두어야 합니다.

부모의 기준에 맞지 않았을 때 스스로를 부끄러워하는 마음을 느낀 아이들은 작은 실수나 실패에도 그러한 감정을 느끼고, 새로운 과제에 도전하기보다 회피하려는 경향이 강해집니다. 긍정적인 피드백의 영향은 금방 드러나지 않지만, 부정적인 피드백의 영향은 비교적 빠르게 내면화된다는 점도 기억하면 좋겠습니다.

또 하나 기억해야 할 점은 아이에게 결과보다 과정과 노력에 대한 근거 있는 칭찬을 꾸준히 해야 36개월 즈음부터 아이의 자기평가에 긍정적인 영향을 줄 수 있다는 사실입니다. 아이가 자발적으로 노력하는 모습을 부모가 지지하고 격려하면, 아이는 또 다른 과제나 활동도 더 잘하려는 의지와 끈기를 가지고 실행할 수 있습니다.

아이를 칭찬할 때 부모의 표정이나 분위기도 중요합니다. 아이의 행동에 엄마 아빠가 웃으며 즐거워하는 모습은 아이에게 자신의 행동이 부모의 기준에 충족하거나 초과했음을 의미하는 메시지로 작용합니다. 즉, 아이의 동기를 강화해 주어 전반적 발달을 더욱 촉진하며 새롭고 도전적인 일을 기꺼이 시도하도록 격려하는 것이지요.

3~7세 36개월이 넘어가면 이제 아이는 새로운 것에 관심이 많아지고 어려운 과제에 도전하는 것도 좋아하게 되지요. 새로운 단어와 말에도 관심이 많아지면서 어른들이 하는 말을 그대로 따라 해 엄마 아빠를 놀라게 할 때가 무척 많습니다. "어이구, 이런 말썽꾸러기!"라는 말을 자주 했더니 아이가 아빠에게 "아빠는 말썽꾸러기!"라고 말하지요. 부모가 아이에게 하는 말이 바로 아이의 언어가 되고 있습니다.

그러니 이때가 진정한 칭찬의 힘을 발휘할 때입니다. 아이의 모든 시도와 노력에 대해 진심을 담아 구체적으로 칭찬해 주세요. "잘했다."라며 결과를 칭찬하기보다 "집중을 잘하네."라고 그 과정을 칭찬하고, "똑똑하네."라며 능력을 칭찬하기보다 "포기하지 않고 끝까지 했네."라고 노력의 과정을 칭찬하는 것입니다. 그래야 아이가 "난 집중을 잘해. 포기 안 하고 끝까지 할 거야."라고 말할 수 있습니다.

이 시기 무엇보다 강조하고 싶은 칭찬은 바로 단점을 장점으로 바꾸어 말하는 것입니다. 아이가 행동하기를 망설인다면 "조심성이 많구나."라고 말해 주세요. 산만하게 보인다면 "호기심이 많구나."라고 칭찬해 주세요. 호기심이 많다고 칭찬한 다음에 끝까지 포기하지 않는 노력을 칭찬한다면, 아이는 창의적 호기심과 꾸준한 인내심을 동시에 키워 갈 수 있습니다.

우리 아이가 주변에 자기보다 잘하는 아이가 있어 주눅 들어 있다면, 일주일이나 한 달 전보다 잘하게 된 것을 비교해 칭찬해 주세요. "한 달 전에는 실수를 좀 했는데 꾸준히 연습하더니 정말 잘하게 되었구나."라고 말해 주세요. 놀이나 활동이 끝난 후에는 아이에게 "넌 네가 뭘 잘했다고 생각해?"라고 질문해 주세요.

주변의 칭찬보다 자기 스스로 잘했다고 생각하는 것이 아이의 자존감을 강력하게 키워 줄 수 있습니다. 혹시 답이 엉뚱하거나 아직 부족하다 생각되더라도 아이의 답에 공감하며 칭찬해 주면 됩니다. 이런 칭찬을 통해 우리 아이의 자존감이 쑥쑥 자라납니다.

친구와 자꾸
문제가 생기는 아이

사회성 발달의 두 가지 대원칙

유아기 아이 부모님들이 상담실을 찾아오는 가장 흔한 이유는 아이의 사회성 문제 때문입니다. 친구들과 함께 어울려 놀고 협동하고 배려하며 자라야 하는데 자꾸 트러블이 생기면 부모는 무척 난감합니다. 게다가 요즘 아이들의 사회성 문제는 곧바로 부모들 간의 관계와도 복잡하게 얽혀서 더욱 큰 고민으로 다가오지요.

그런데 아이의 사회성에 관해 고민하기 전에 먼저 알아 두어야 할 점이 있습니다. 곧바로 사회성 문제로 연결지어 생각할 필요가 없는데도, 종종 어른들은 자신의 기준에 맞춘 잣대를 아이에게 들이대고 있다는 것입니다. 이와 관련해서는 다음 두 가지 사례를 통해서 살펴보겠습니다.

3세 아이 엄마예요. 집에 친구가 놀러 와도 아이는 놀잇감을 독차지하려 들고 간식 먹을 때도 나누어 주려 하지 않는 등 자기중심적으로 행동합니다. 어린이집에서도 그런다고 하네요. 이러다가 나중에 왕따를 당하게 되는 건 아닌지 걱정이 돼요.

유아기는 모든 것을 '나'를 중심으로 생각하는 '자기중심성'의 단계이기 때문에, 이 시기 아이들이 다소 이기적으로 보이는 것은 정상입니다. 따라서 부모는 아이의 자기중심적 행동을 문제로 보고 혼낼 것이 아니라, 발달 시기에 따른 행동 배경을 이해하고 어떻게 가르칠지 고민하는 것에 초점을 두는 게 먼저입니다. 학자들은 유아의 자기중심성에는 다음과 같은 특징이 있다고 설명합니다.

> 어린아이는 우주의 모든 현상을 자기중심적으로 생각한다. 자신이 좋아하는 것을 다른 사람도 좋아하고, 자신이 느끼는 것을 다른 사람도 느끼며, 자신이 알고 있는 것은 다른 사람도 알고 있다고 생각한다. 즉, 아직 사회성이 발달하지 않은 아이가 혼자 다 차지하려 드는 행동은 이기적이거나 다른 사람을 무시해서가 아니라, 단지 다른 사람의 관점을 이해하지 못하는 데서 기인한다.

특히 이 시기 아이들은 다른 사람의 기분과 생각, 행동을 상대방의 관점에서 이해할 수 있는 '조망수용 능력'이 아직 완성되지 않았습니다. 아이는 생후 15~24개월이 지나면 자신을 자각하고 나와 타인을 구분할 수 있지만, 자신의 관점과 다른 사람의 관점이 다를 수 있다는 것은 아직 이해하지 못합니다. 미국의 교육심리학자 로버트 셀먼 (Robert Selman)은 조망수용 능력은 3세부터 서서히 발달하기 시작하지만, 그 이후로도 여전히 혼동하는 시기가 지속될 수 있다고 설명합니다. 6세가 되어서야 같은 상황에서도 사람마다 다르게 느끼고 생각할 수 있다는 사실을 제대로 이해하기 시작하지요. 따라서 아이의 발달 시기에 따라 아무리 가르쳐도 소용없는 것들이 있다는 사실을 잘 알아야겠습니다.

4세 아이 엄마예요. 아이가 워낙에 말수가 적고 조용해서 어린이집에서 친구들과 잘 어울릴 수 있을지 고민이에요. 아이의 사회성이 부족한 것 같은데 어떻게 키워 줘야 하나요?

활발한 아이는 사회성이 좋고 조용한 아이는 사회성이 부족할 거라는 생각은 널리 퍼져 있는 선입견입니다. 아이가 활발하거나 조용한 것은 외향성과 내향성이라는 기질을 바탕으로 한 성격의 차이일 뿐, 그것이 아이의 사회성으로 직결되는 것은 아닙니다. 4세는 사회성이 발달하기 시작하며 이타적 행동이 시작되는 시점입니다. 따라서 이 무렵 아이에게 곁에 있는 친구를 살짝 도와주거나 장난감을 나누어 주는 행동을 가르치면, 아이의 성격에 맞는 사회성이 발달할 수 있습니다.

그밖에 예민하고 느리다고 해서, 욕심이 많고 성취 욕구가 강하다고 해서 아이의 사회성에 문제가 생기는 것도 아닙니다. 하지만 안타깝게도 사회성에 대한 고정관념 때문에 어른들이 아이의 특성을 이해하지 못한 채 자신들의 기준에 맞춘 사회적 행동을 하라고 떠미는 경우가 많습니다.

그렇다면 이제 아이의 사회성을 키우기 위한 양육의 두 가지 대원칙에 대해 알아볼게요.

첫째, 아이의 기질적 특성에 맞는 양육이 필요합니다. 순한 아이는 온화하고 상대방의 말을 잘 수용해 주어 친구들에게 인기가 많다는 강점이 있지요. 한편, 예민하고 까다로워서 불편한 것이 많은 아이, 낯선 상황이나 사람을 받아들이기 전에 탐색 시간이 길게 필요한 느린 기질의 아이는 친구를 사귀거나 새로운 환경에 적응하는 데 다소 불리할 수 있습니다. 그렇다고 해서 까다로운 기질 또는 느린 기질의 아이는 사회성이 발달하기 어렵다는 의미가 절대 아닙니다. 아이의 기질별로 사회성을 키우는 방법을 잘 알고 실천한다면 그리 어렵지 않으니까요.

아이가 예민하다면 미리미리 상황 변화에 대해 이야기해 주세요. 가족이 함께 친척 집에 방문해야 한다면 전날에 미리 말해 주고 어떤 상황이 생길지 예측하는 대화를 나누는 것이 필요합니다. 그래야 아이가 마음의 준비를 하고 낯선 상황을 좀 더 수월하게 받아들일 수 있어요.

갑자기 친구 집에 아이를 맡겨야 한다면 아이에게 어떤 점이 불편할지 묻고, 그 부분을 도와준다면 얼마든지 친구와 편하게 지낼 수 있습니다. 예민해서 아직 불편감이 해소되지 않은 아이에게 까다롭게 군다고 잔소리를 한다면 아이의 짜증과 불평은 점점 더 커질 수밖에 없을 거예요.

느린 아이는 조심성이 많아서 낯선 환경을 접할 때 탐색 시간이 길지요. 새로운 놀이 공간에서 새로운 친구들을 만나는 상황이라면, 아이의 손을 잡고 함께 찬찬히 둘러보며 무엇이 어디에 있는지 잘 탐색하도록 도와주고, 아이가 궁금한 것, 걱정되는 것이 무엇인지 이야기 나누기만 해도 서서히 친구와 어울릴 수 있게 됩니다.

성취 욕구가 강하고 일등을 하고 싶어 하는 아이에게는 "져도 괜찮아."라고 말하기보다, "잘하고 싶구나. 어떻게 하면 잘할 수 있을까?"라는 식으로 대화를 이끌어 가는 게 필요합니다. 이런 아이에게는 친사회적 행동을 할 때 정말 잘하고 있다고 말해 주는 것만으로도 사회성을 키우는 데 큰 도움을 줄 수 있습니다. "친구에게 설명을 잘하는구나.", "잘 도와주는구나.", "잘 기다리는구나."와 같은 말을 상황에 맞게 해 주는 것이지요.

둘째, 아이가 긍정적인 사회적 정서를 가질 수 있게 도와줘야 합니다. 태어나서 3년 동안 어떻게 양육되었는가에 따라 아이는 사람과 세상에 대한 긍정적인 인식 혹은 부정적인 인식을 형성합니다. 부모가 따뜻하게 미소 짓고 아이의 탐색을 지지하며 다양한 자극과 경험을 제공해 준다면, 아이가 세상으로 나아갔을 때 어떤 태도를 보일지 예측하는 건 어렵지 않습니다.

간혹 문제 행동 때문에 어린이집에서 쫓겨나는 아이가 있지요. 아이가 친구를 때리고 물건을 던지는데 선생님이 아무리 훈육을 해도 전혀 먹혀들지 않습니다. 오히려 선생님을 밀치는 행동까지 보이기도 합니다. 이제 겨우 서너 살이 되었을 뿐인데 왜 이런 행동을 보일까요?

이론상 3~6세는 되어야 사회성과 도덕성이 크게 발달하기 시작합니다. 그런데 어린이집에 입학했을 때 보이는 사회적 태도에는 벌써 아이마다 큰 차이가 있습니다. 그 이유는 바로 0~3세 시기에 사회성 발달의 기초가 이미 형성되기 때문입니다. 이 시기 아이는 아직 조망 수용 능력은 발달하지 않았지만, 사람이라는 존재를 인지하고 상호작용하는 방법을 점차 배워 가기 시작하지요.

만약 이 시기에 부모가 안정적인 양육을 제공하지 못한다면 아이에게 사회적 정서 문제가 발생하게 됩니다. 또한 아이의 타고난 기질 및 욕구를 제대로 이해하지 못한 채 부모가 자신의 기준에 맞는 행동 방식을 강요한다면, 아이는 쉽게 불안해지고 감정을 바람직하게 처리하는 방법을 배울 기회를 놓칠 수 있습니다. 혹시라도 양육 과정에서 정서적 학대를 받았다면 3세가 지난 아이는 불안한 사회적 태도를 보이며 자신에게 다가오는 친구들을 두려워하게 됩니다. 다른 사람들과 친밀감을 맺는 것 자체를 불편해하기도 하고, 쉽게 화를 내고 분노를 터뜨리며, 심지어 자기 파괴적인 행동을 하기도 합니다. 연령과 성별에 관계없이 사회성에 문제가 생기는 원인의 시작은 0~3세 시기의 정서적 양육 환경에 있습니다.

아이는 자기 마음대로 되지 않는 상황에 처할 때가 많습니다. 이때 부모는 아이의 마음을 진정시키고 아이가 합리적인 방법으로 원하는 것을 얻을 수 있다는 점을 배우게 해야 합니다. 하지만 그러지 못하고 아이의 욕구가 계속 거부되고 부정적 상호작용의 경험이 쌓인다면, 아이는 사회성 발달에 어려움을 겪을 수밖에 없어요.

부모와 아이의 관계 회복이 먼저입니다

37쪽에서 실시한 5세 강이의 자아지각 체크리스트 중 엄마 수용, 즉 엄마와의 관계에 대한 자아지각 정도를 살펴보겠습니다. 결과를 보면, 엄마와 강이의 인식 차이가 꽤 큰 편입니다.

	아이의 평가	엄마의 평가
엄마가 함께 놀아 준다.	2	4
엄마가 친구를 집에 놀러 오게 한다.	2	3
엄마가 안아 준다.	3	4
엄마와 함께 이야기를 나눈다.	2	4
총점	9	15

엄마는 어느 정도 아이와 놀아 주고 아이의 친구도 초대했다고 생각하지만, 아이는 부족하다고 여기고 있습니다. 엄마의 노력이 아직 강이 마음에 가닿지 않은 것 같습니다. 엄마는 다소 억울하겠지만, 강이에게 잘 맞는 방식을 찾아 아이의 마음이 충족되는 모자 관계를 만들어 갈 필요가 있습니다.

주양육자인 엄마와 강이의 관계를 개선해야 하는 중요한 이유가 또하나 있습니다. 주양육자와의 관계는 아이의 또래 수용에 대한 인식에도 큰 영향을 미치기 때문입니다. 이번에는 또래 수용에 관한 항목들을 살펴보겠습니다.

	아이의 평가	엄마의 평가
함께 놀 친구가 많다.	2	4
친구들이 놀이에 참여시켜 준다.	1	3
친구들이 장난감을 나눠 준다.	1	3
친구들이 옆에 앉으려고 한다	1	1
총점	5	11

강이는 위의 네 가지 질문 중 세 가지에서 '매우 그렇지 않다.'라고 답했습니다. 엄마는 '친구들이 옆에 앉으려고 한다.' 항목에만 매우 그렇지 않다고 대답했고, 아이가 나름대로 친구들과 잘 지내고 있다고 생각했습니다. 엄마는 직접 눈으로 확인할 수 있는 항목에 대해서는

정확하게 인지하고 있지만, 그렇지 않은 부분에서는 아이의 사회적 자아지각 정도가 어떤지 정확히 알기 어려웠던 것 같습니다.

이 표를 보고 나서야 강이 엄마는 의아했지만 대수롭지 않게 여기고 넘어갔던 일을 떠올렸습니다. 유치원 친구들과 키즈카페에 갔을 때 강이는 친구들과 잘 어울려 노는가 싶더니 30분도 채 안 되어 집에 가자고 조르며 칭얼댔습니다. 강이가 "친구들이 나랑 안 놀아 줘."라고 말할 때에도 엄마는 "어제도 잘 놀았으면서 왜 그래?"라고 되묻기만 했었습니다. 강이는 친구들 사이의 미묘한 관계성에서 혼자 소외되는 느낌을 받았을 수도 있어요. 또는 모든 친구들이 자기만 좋아해 주길 바랐는데, 친구들의 반응이 그리 만족스럽지 않았을 수도 있습니다. 어떤 경우든 강이는 사회적 자아지각이 낮았기 때문에 친구들 사이에서 불편함을 느꼈던 것입니다.

이처럼 사회적 자아지각이 중요한 이유는 그것이 바로 아이의 사회성으로 연결되기 때문입니다. '나는 친구가 없어. 친구들은 나를 싫어해.'라는 인식이 있다면 아이는 종일 뾰로통하게 있을 것이고, 그런 태도를 보이는 아이에게 친구가 가까이 다가가기는 어렵지요. 반면에 친구가 한두 명 정도여도 충분히 즐겁게 지내며 만족하는 아이도 있습니다.

사회적 잣대와 평가보다 자기 스스로에 대한 만족을 기반으로 한 건강한 사회적 자아지각을 갖추었다면, 이제 현실적 사회성을 키워 가야 합니다. 처음 보는 친구에게 다정하게 말을 건네고, 자연스럽게 친구 사이에 섞여 들고, 친구의 장점을 칭찬할 줄 알고, 친구가 짓궂게 놀려도 적절하게 대처할 줄 아는 사회적 기술을 키우는 것이지요.

강이는 엄마와의 관계에서 친밀함과 유대감을 느꼈던 경험이 부족했습니다. 그래서 사람을 신뢰하고 편안하게 대할 수 있는 안정된 정서와 관계에서의 자기 유능감을 제대로 형성하지 못했습니다. 이는 관계가 한순간 나빠지더라도 다시 좋아질 수 있다고 믿고 유연하게 대처하는 관계에 대한 회복탄력성의 부족으로 이어졌습니다. 그러다 보니 인간관계에 대한 부정적 태도와 선입견이 커졌던 것입니다. 이렇듯 강이는 사회적 자아지각이 전반적으로 취약한 상태가 되면서 실제로 친구들과의 관계에서도 조금만 문제가 있으면 실망감을 느끼고 위축되며 사회성에 문제를 보였지요.

사회성의 전반적인 발달은 아이가 태어나는 순간부터 주양육자와 친밀하고 안정된 관계를 맺으며 사람을 신뢰할 수 있는 편안한 정서를 형성하고, 적절한 사회적 태도와 기술을 배워 가는 것을 기반으로 합니다. 그런 과정을 통해 유아는 건강한 사회적 자아지각도 키우고 긍정적이고 바람직한 관계를 형성하는 능력을 갖추게 되는 것이지요. 아이의 사회성에 문제가 있다면, 해결의 실마리도 바로 그 지점에서 찾아야 합니다. 다시 엄마 아빠와의 관계를 회복하고 자존감을 높여 사회적 자아지각도 건강하게 키우며 사회적 기술을 하나씩 습득해 가야 합니다.

안전한 상호작용의 경험으로 사회성이 좋아진 서윤이

다음은 유치원 선생님의 고민입니다. 사회성 문제로 어려움을 겪고 있는 5세 서윤이 이야기를 들어 볼게요.

> 아이들이 유치원에 오면 가장 먼저 이달의 아침 인사인 '사랑합니다. 스스로 하겠습니다.'를 해요. 선생님이 먼저 하고 아이는 따라 하기만 하면 돼요. 다른 친구들은 모두 배꼽 인사를 하며 인사말을 잘 따라 하는데, 서윤이는 무표정한 얼굴로 와서 전혀 따라 하지 않아요. 교실에 들어가서도 친구에게 다가가지 않고 구석에 혼자 앉아 두리번거리다가 다른 친구가 다가가면 책상 아래로 숨어 버려요.
>
> 급식 시간에도 마찬가지예요. 입학할 때부터 급식 시간에 자리에 앉지 않으려 해서 겨우 달래서 앉혔는데, 다음 날이면 또 일어서서 왔다갔다 해요. 한 가지 행동을 가르치는 데 정말 백만 번 말해야 하는 느낌이에요. 조심스럽지만 혹시 발달장애가 있는 건 아닌가 하는 의심이 들 때도 있어요.

장면을 상상하며 들어 보니 선생님의 난감함이 고스란히 느껴집니다. 그렇다면 서윤이와 친구들과의 관계는 어떨까요? 서윤이의 행동에 아이들은 이렇게 말합니다.

> 서윤이가 책상 밑에 들어갔어요! 나오라고 해도 안 나와요.

아이들의 시선으로 보아도 서윤이의 행동은 의아합니다. 말을 걸어도 꿈쩍하지 않는 서윤이의 머릿속에는 같은 반 아이들과 '우리', '친구'라는 개념이 좀처럼 만들어지지 않은 것처럼 보입니다. 앞에서 말한 두 가지 원칙에서 서윤이를 살펴본다면, 우선 서윤이는 자신의 기질에 맞는 양육을 받지 못했을 가능성이 높습니다. 또 사람에 대한 신뢰감이 형성되지 못한 까닭에 매우 기본적인 사회적 관계에서조차 움츠러들고 불안해하는 모습을 볼 수 있습니다. 이제 아이의 기질에 맞는 양육과 정서적 안정감에 초점을 둔 사회성 회복 과정이 필요합니다.

서윤이를 상담실에서 만났습니다. 서윤이는 매우 예민해서 섬세하고 따뜻한 접근이 필요한 아이였습니다. 사람에 대한 믿음과 안정감을 회복하는 것이 중요했지요. 갓난아기에게 그러하듯이, 아이가 감정을 표현하면 일단 모두 수용하고 지지해 주어 편안함을 찾아 가도록 하는 과정이었습니다.

서윤이는 상담실에서도 '얼음' 그 자체였습니다. 그렇게 굳어 있다가 "네가 서윤이구나."라는 말을 듣자마자 테이블 밑으로 숨어 버렸습니다. 그 행동이 어찌나 잽싸던지요. 중요한 점은 이 행동을 문제로 보지 않고 지지해 주는 것입니다.

서윤아, 너 정말 번개처럼 숨었어. 대단해. 넌 테이블 밑을 좋아하는구나. 오늘 너에 대해 중요한 한 가지를 알았어. 그런데 바닥이 차가워서 걱정돼. 네 엉덩이가 차가워질까 봐. 지금 방석을 주고 싶은데 줘도 될까?

아이는 대답이 없습니다. 방석을 가져다 서윤이 옆에 놓아두고 말했어요.

선생님도 테이블 밑으로 내려가도 돼?

여전히 대답이 없지요. 당연히 대답을 기대하지는 않았습니다. 아마도 서윤이와 여덟 번 정도 만나면 대답을 들을 수 있을 거라 생각했어요. 왜 여덟 번이냐고요? 제가 보이는 친절을 아이가 진짜라고 믿을 수 있는 시간, 제가 서윤이의 마음을 이해하고 도와줄 수 있다는 것을 믿을 수 있는 경험이 누적되어야 하니까요. 아이에 따라 조금 차이는 있지만, 경험적으로 여덟 번째 전후로 아이들은 마음을 열고 진짜 자기 모습을 보여 주기 시작한다는 걸 알게 되었지요.

다음번 상담에서는 서윤이를 위해 미리 방석과 아주 작은 장난감 테이블을 놓아두고 빨강, 노랑, 파란색의 클레이를 작은 통에 담아 두었어요. 상담실에 들어온 서윤이에게 반갑게 인사를 건네니 또 잽싸게 테이블 밑으로 들어갑니다. 아무 말도 하지 않고 가만히 두니 클레이 통을 여는 소리가 들렸어요. 5분 정도 기다렸다가 아주 작은 소리로 서윤이를 불렀습니다.

서윤아, 선생님이 널 보고 싶어. 내려가도 되지?

살짝 내려다보니 고개를 살짝 끄덕이는 움직임이 느껴집니다. 그 짧은 시간 동안 서윤이가 노란색 클레이로 동그란 얼굴을 만든 다음 파란색 클레이로 눈을 가느다랗게 만들어 붙였습니다.

와! 벌써 새 친구를 만들었네. 멋지다. 선생님이 보고 있어도 되니?

아이가 또 *끄덕*입니다.
고갯짓으로 말해 줘서 고마워. 빨강으로 입을 만드는 거야?

또 *끄덕*입니다.
와, 내가 맞혔다. 하이파이브!

아이가 나를 쳐다봅니다.
서로 마음이 통했을 때, 이렇게 하는 거야.

아이가 손을 들어 손바닥을 마주치더니 살짝 미소를 띕니다.
와! 서윤이 웃는 모습이 정말 예쁘네.

아이가 쑥스러워하며 살짝 웃습니다. 아무리 상담이지만, 아이에게 끊임없이 말을 걸면 아이는 힘들어합니다. 그래서 아이가 놀이에 몰두할 수 있도록 서윤이 옆에 앉아 작지만 밝은 목소리로 천천히 『새

엉덩이가 필요해!』(돈 맥밀런 글, 로스 키네어드 그림, 장미란 옮김, 제제의숲, 2019년)를 읽어 주었습니다. 엉덩이가 갈라진 주인공의 이야기를 유쾌하게 읽어 내려 가자, 서윤이가 책을 흘깃 쳐다보다가 어떤 장면에서는 활짝 웃기도 합니다.

심리적으로 위축되고 불안과 긴장이 심한 아이에게는 웃을 수 있는 경험이 중요합니다. 서윤이와 함께 읽은 첫 그림책이 서윤이와 상담사 사이를 단단히 결속해 주는 느낌이 들었습니다. 그걸 어떻게 아느냐고요? 다음 상담에서 서윤이는 상담실에 들어오자마자 뭔가를 찾는 듯한 눈길로 책장을 바라보았습니다. 그래서 다시 그 그림책을 꺼내어 주었더니 활짝 웃었지요.

정신치료에는 영국의 정신분석치료사 데이비드 맬런(David Malan)이 제시한 '사람 삼각형'이라는 개념이 있습니다. 역삼각형을 두고 아래 꼭짓점은 과거 사람들과의 관계, 위쪽 오른쪽 꼭짓점은 현재 사람들과의 관계, 그리고 왼쪽 꼭짓점은 치료자와의 관계를 나타냅니다. 아이의 불안하고 고통스러운 감정들은 과거 사람들과의 관계에서 시작되어 현재 사람들과의 관계에서 유지되고 있습니다. 바로 그런 모습들이 치료 장면에서 재연됩니다.

따라서 지금 서윤이가 사람들에게 보인 모든 감정과 그런 감정에서 유발된 행동들은 그저 아이가 사회성이 부족해서 그렇다는 말로 치부할 수 없습니다. 사실 서윤이 부모는 아이가 어릴 적부터 부부 싸움이 잦았습니다. 안타깝게도 서윤이는 엄마 아빠의 감정이 격하게 충돌하

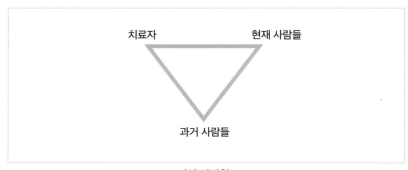

사람 삼각형

는 상황에 고스란히 노출되었고, 그런 경험이 일주일에 2~3번 정도나 되었다고 합니다. 아이는 엄마 아빠의 다툼이 있을 때마다 불안하고 무서웠겠지요. 그런 불안과 두려움이 해결되지 못했기 때문에 아이는 다른 상황에서도 불안에 떨게 된 것입니다. 그래서 무표정한 얼굴을 한 채, 몸을 가릴 수 있는 곳이 보이면 어디든 숨어 버리는 방식으로 불안에서 벗어나려 힘겹게 노력한 것이었지요.

그런 서윤이가 살짝 미소 지으며 방어막을 열 수 있었던 이유는 단순합니다. 상담사는 친절했고, 자신의 영역을 함부로 침범하지 않았으며, 자신이 무엇을 하든 안전하게 지켜 주었습니다. 게다가 자신의 의견을 먼저 물어봐 주고 지지하고 격려해 주었으며, 자신이 하는 일에 조용히 몰두할 수 있도록 기다려 주었지요. 그러는 동안 재미있는 그림책을 읽어 주면서 활짝 웃게 해 주었고요.

이렇듯 안전하고 다정한 상호작용의 경험이 누적되면서 서윤이는 아주 조금씩 변화하기 시작했습니다. 상담실에 들어와서 테이블 밑으로 내려가는 횟수가 점점 줄어들다가 결국 더 이상 숨지 않게 되었습니다. 그럴 즈음에 유치원에서도 친구와 어울려 놀며 웃음을 보이는 때가 많아지기 시작했습니다. 아이의 사회성은 아무리 정서 문제가 심각했어도 이렇게 신기하게 달라질 수 있다는 사실이 중요합니다. 그리고 그런 변화에 있어 가장 핵심이 되는 역할을 한 것이 바로 그림책과 따뜻한 상호작용입니다.

긍정적 변화의 시작, 그림책 심리독서

뇌와 마음, 행동을 변화시키는 그림책 심리독서의 효과

미국의 심리학자 토드 리즐리(Todd Risley)와 베티 하트(Betty Hart)가 추적 관찰한 연구에 따르면, 1~3세 무렵 유아의 생애 초기 언어 노출이 양육 환경에 따라 상당한 격차가 발생한다는 것을 알 수 있습니다. 언어 노출 상위군에 속한 한 아이는 한 시간 평균 2,000여 개의 단어를 들었고 부모의 반응은 250번이었습니다. 아기가 울면 "배고팠구나."라고 반응하는 것에서 시작해서 "이것, 저것." 등 무언가를 가리키는 지시어, "와, 강아지다!", "이렇게 해야지.", "공놀이 할까?" 등의 말이 모두 부모의 반응입니다. 반면, 언어 노출 하위군에 속한 다른 아이는 한 시간 동안 평균 600개의 단어를 들었고, 부모의 반응은 50번 이하였습니다. 이렇게 다른 환경에서 아이들의 정서와 인지는 어떤 모습으로 발달하게 될까요?

똑같은 잠재력을 갖고 태어난 아이라도, "언어 학습을 위한 뇌 신경망이 형성되는 시기"인 0~3세에 부모가 어떤 말을 얼마나 들려주는가에 따라 아이의 정서뿐만 아니라 뇌 발달에도 각기 다른 영향을 미친다는 사실은 이미 과학적으로 알려져 있습니다. 심지어 부모가 하는 말이 아이의 어휘력, 문해력, 학습 능력, 수학 능력, 사고력에까지 결정적인 영향을 준다고 언급하는 연구 결과들도 있습니다.

이런 내용을 읽으며 혹시 걱정이 되시나요? 우리 아이가 태어난 지 이미 3년이 지났다면, 결정적 시기에 충분한 언어 자극을 주지 못한 것은 아닌지 괜히 자책하게 되지요. 하지만 반가운 소식도 있습니다. 우리 뇌에는 '신경 가소성'이라는 특성이 있다는 사실입니다.

신경 가소성이란 외부 환경의 자극에 따라 뇌가 스스로 신경망을 새롭게 구축하고, 그 형태와 구조, 기능을 변화시키는 특성을 말합니다. 즉, 결정적 시기에 충분한 언어 자극을 경험하지 못했다 하더라도 이후 부모가 충분한 언어적 환경을 제공해 준다면 아이의 뇌 활동은 증가하고 신경 사이의 연결이 강해질 수 있습니다.

저는 아이를 언어적 환경에 노출시키는 가장 효과적인 방법으로 그림책 읽기를 권합니다. 부모가 아무리 깊은 관심과 애정을 쏟는다 해도 종일 아이와 말하는 것은 어려우니까요. 틈틈이 아이에게 그림책을 읽어 주세요. 직접 읽어 주기 힘들 때에는 엄마 아빠의 목소리로 녹음해 두었던 그림책 내용을 아이에게 들려주세요. 이런 과정을 통해 아이의 언어적 환경이 자연스럽게 풍부해질 수 있습니다.

또한 단순히 책을 읽어 주는 것에 그치지 않고, 그림책을 읽는 동안, 또는 그 후에 아이의 자존감과 사회성을 키울 수 있는 상호작용을 해 보는 것도 중요합니다. 서윤이가 그림책을 보며 활짝 웃었던 장면을 기억해 보세요. 이렇듯 책을 읽고 대화를 나누는 과정을 통해 아이의 심리적 성장에 도움이 되는 책 읽기를 '심리독서'라고 합니다.

수많은 심리학 연구들이 그림책 심리독서로 아이의 마음을 키우는 것에 관한 긍정적인 효과를 발표한 바 있습니다. 이를 정리하면 다음과 같습니다.

— 그림책을 읽으며 대화하는 활동은 불안하고 위축된 아이에게 큰 도움이 된다.
— 그림책을 읽고 토의를 하면 유아의 공감 능력과 자기 조절력이 향상된다.
— 그림책을 통한 상호작용은 유아의 자존감과 사회성 발달에 큰 영향을 미친다.
— 그림책을 활용한 치료 프로그램이 유아의 공격성 감소에 도움이 된다.

늘 시무룩하고 주눅 들어 있어 친구들에게 인기가 없었던 6세 은찬이의 사례를 통해 그림책 심리독서의 놀라운 효과를 좀 더 자세히 들여다보겠습니다.

은찬이 이야기

은찬이 엄마는 은찬이가 가끔 아이답지 않게 멍하니 앉아 있고, 뭐든 안 하겠다며 회피하는 모습이 너무 걱정이 되어 상담소를 찾았습니다. 아이의 증상을 검색해 보았는데, 혹시 유아 우울은 아닌지 걱정이 크다고 말씀하셨죠.

  이런 경우에도 아이의 마음을 알아보는 좋은 방법은 그림책을 읽으며 아이의 반응을 살펴보는 것입니다. 무기력하고 회피하는 모습이 강하다면 분명 자존감이 낮은 상태라고 볼 수 있어요. 그래서 은찬이에게 자신의 가치를 소중히 생각하도록 이끌어 주면서 아이의 마음도 살펴보고 도움의 방향을 찾을 수 있는 그림책을 골랐습니다.

  『강아지똥』(권정생 글, 정승각 그림, 길벗어린이, 1996년)은 보잘것없어 보이는 강아지똥이 아름다운 꽃을 피우기 위한 거름이 된다는 내용으로, 누구나 가치 있는 존재임을 깨닫게 해 주는 감동적인 책입니다. 그런데 은찬이에게 이 책을 읽어 주니 표정이 떨떠름합니다. 이야기가 어떤지 물어보니 은찬이는 강아지똥은 왠지 싫다며 거부감을 표현했습니다.

  "그래도 강아지똥은 꽃을 피울 수 있도록 온몸을 바쳐 거름이 되었다니 대단하지 않니?"

"그래 봤자 강아지똥은 사라졌잖아요."

은찬이는 사라져 잊히는 것에 대한 두려움을 표현했습니다. 많은 사람에게 감동을 주는 책이라도 누군가에겐 전혀 다른 의미로 다가갈 수 있음을 놓쳐서는 안 되겠습니다. 그렇다면 강아지똥 이야기가 은찬이 마음에 어떤 작용을 하는지, 아이가 어떤 감정을 느꼈는지 심리적 차원의 접근이 필요하겠지요.

어쩌면 은찬이는 자신을 하찮고 가치 없는 존재로 생각하고 있을 수 있습니다. 그래서 자신의 모습을 직면하는 것이 힘들어 강아지똥을 거부하는 것이겠지요. 또는 수많은 사람들의 관심을 받고 빛나고 싶은데, 정작 자신이 동일시한 강아지똥은 사라지고 대신 민들레가 빛나는 장면을 보며 좌절감을 느끼거나 민들레에 대한 질투감을 드러낸 것일 수도 있습니다.

강아지똥을 거부하는 아이에게 『헤엄이』(레오 리오니 글·그림, 김난령 옮김, 시공주니어, 2019년)를 보여 주었어요. 작고 까만 물고기 헤엄이는 어느 날 커다란 물고기의 공격에 친구들을 모두 잃고 혼자 여행을 다니게 됩니다. 그러던 중에 예전 친구들처럼 작고 빨간 물고기 떼를 만나게 되지요.

그런데 그 친구들은 커다란 물고기에게 잡아먹히는 것이 두려운 나머

지 물풀 속에 숨어 지내려고만 합니다. 헤엄이는 친구들을 설득한 끝에 대열을 지어 커다랗고 빨간 물고기 모양을 만들게 한 뒤, 기지를 발휘해 검은색인 자신은 큰 빨간 물고기의 눈 역할을 하지요. 그렇게 작은 물고기들이 서로 힘을 합쳐 바닷속을 거침없이 헤엄쳐 다니며 큰 세상을 구경하는 이야기입니다.

그런데 이 책에서도 은찬이는 이렇게 말합니다. "헤엄이가 되면 좋겠다. 근데 난 아냐……."라며 얼버무립니다. 헤엄이처럼 용감하게 세상을 구경하고, 새로운 친구들을 만나 함께 여행하자고 제안하고, 앞장서서 친구들을 이끌어 큰 물고기를 만들 힘이 자기에게 없다는 마음을 표현하는 것이지요.

그리고 또 작은 목소리로 이렇게 말하며 시무룩해집니다. "그냥 빨간 물고기는 싫어." 이 말은 어떤 의미일까요? 은찬이는 수많은 빨간색 물고기 중에 한 마리가 아니라 가장 빛나고 관심받는 헤엄이가 되고 싶은 열망이 강하지만, 현실의 나는 도저히 그럴 힘이 없을 것 같아 무기력한 모습을 보이고 있었던 것입니다.

이번에는 은찬이에게 『티치』(팻 허친즈 글·그림, 박현철 옮김, 시공주니어, 1997년)를 보여 주었습니다. 누나와 형보다 작은 티치는 속상했습니다. 누나와 형이 두발자전거를 탈 때 자기는 세발자전거를 타야 했고, 누나와 형이 연을 날리며 놀 때 자기는 바람개비를 들고 놀 수밖에 없었어요. 이런 상황에서 어른들은 아이를 격려하기 위해, "너도 나중

에 클 거야. 나중에 다 잘하게 될 거야."라
고 하지요. 모두 좋은 말이지만, 솔직히 아
이 마음에 와 닿지는 않습니다.

　그러던 어느 날 형은 흙을 파고, 누나는
화분을 가져왔을 때 티치는 작은 씨앗을
가져와 심습니다. 그러자 티치의 작은 씨
앗이 마법을 부리게 됩니다. 시간이 지나
면서 작은 씨앗은 누나와 형보다 훨씬 더 키가 큰 나무로 자라났지요.
드디어 티치는 힘을 얻게 됩니다. 자신은 여전히 작고 힘도 없고 기술
도 부족하지만, 자신이 하는 행동을 통해 얼마든지 크게 성장할 수 있
다는 중요한 깨달음을 얻어요.

　책을 읽던 은찬이가 조금씩 미소를 띠며 환하게 밝아지기 시작합니
다. 아이가 순간순간 보이는 표정은 깊은 의미를 표현하기도 합니다.
티치 이야기에서 미소가 퍼졌다는 것은 자신이 원하는 것과 연결된
실마리를 찾았다는 의미이며, 동시에 자신도 변화할 수 있다는 희망을
갖게 되었다는 표현이기도 하지요.

　은찬이 부모님과 상담을 해 보니 은찬이가 이렇게 무기력하고 회피
하는 경향이 강해진 이유가 있었습니다. 은찬이는 태어난 지 얼마 되
지 않아 엄마 아빠가 맞벌이를 하게 되어 할머니 댁에서 자라며 주말
에만 부모와 함께 시간을 보냈어요. 할머니는 세심하게 은찬이를 돌봐
주셨지만 사사건건 잔소리를 하셨고, 할아버지는 엄격해서 아이가 조

금만 장난이 심해도 버럭 혼을 내셨습니다. 은찬이가 세 살 무렵 주말에 엄마를 만났는데도 무표정하게 앉아 있었던 적이 있어 엄마는 그때부터 걱정하고 있었지요. 그렇게 시간이 흘러 여섯 살이 되니 은찬이의 무기력한 모습이 더욱 심해졌습니다. 게다가 은찬이는 기질적으로 잘하고 싶은 욕구, 모두의 관심과 인정을 받고 싶은 욕구가 매우 큰 아이였습니다. 결국 '되고 싶은 나'와 '현실의 나'의 모습이 너무 달라서 증상이 점점 심해지고 있었던 것이지요.

은찬이 마음에는 무엇이 필요했던 걸까요? 바로 자기도 잘할 수 있다는 희망이 필요했습니다. 강아지똥처럼 하찮아 보여도 그 자체로 의미가 있다는 사실을 받아들이기에 아이는 아직 어렸고, 다른 사람을 위해 자신을 희생하고 사라지는 건 더 싫었습니다. 헤엄이처럼 용기를 내어 혼자 세상을 돌아다니는 상상을 하기엔 힘도 없고 무섭고, 더구나 친구들에게 내가 눈이 되겠다고 말할 용기는 더더욱 없었겠지요. 자존감이 부족하고 주눅 든 아이에게는 그런 일은 자신이 할 수 없다는 생각이 더 강하게 들 수도 있습니다.

그런데 티치의 작은 씨앗은 은찬이의 마음에 나도 뭔가를 할 수 있다는 희망과 기대를 심어 주었습니다. 이렇듯 아이가 책을 읽으며 미소 짓는 모습을 보일 때 어떤 대화를 나누면 좋을까요? 그림책 심리독서의 특징 중 하나는 바로, 책을 읽고 어떤 대화를 나누는가에 따라 아이에게 미치는 심리적 영향이 무척 달라진다는 것입니다. 다음은 『티치』를 읽은 후 은찬이와 나눈 대화입니다.

상담사   형과 누나보다 작으면 어떤 기분일까?

은찬   별로 안 좋아요. 그냥 기분 나빠요.

상담사   친구들은 다 잘하는데, 은찬이만 아직 못하는 게 많다면 어떨 것 같아?

은찬   세상에서 사라지고 싶어요.

상담사   이 작은 씨앗이 이렇게 큰 나무가 되었어. 정말 신기하지?

은찬   네. 그런데 진짜 이렇게 커져요?

상담사   씨앗이 이렇게 클 거라고 상상했어?

은찬   아니요. 저도 유치원에서 화분에 씨앗을 심었는데 이렇게 크게 자라지는 않았어요.

상담사   그런데 티치가 참 훌륭한 점이 있는 것 같아. 과연 뭘까?

은찬   음, 계속 뭘 해요. 포기 안 하고.

상담사   속상했던 티치가 씨앗을 심겠다고 생각한 건 너무 기특하지 않니?

은찬   내가 심은 것도 이렇게 크면 좋겠어요. 다시 심을까?

상담사   이 작은 씨앗이 꼭 너 같아.

은찬   왜요? 왜 나 같아요?

상담사   네 마음속에 커다란 나무가 숨겨져 있는 것 같거든.

은찬   제 마음속에요? 진짜요? 어떤 나무예요?

상담사   글쎄, 그건 네 마음에 달렸지. 넌 어떤 나무가 되고 싶어?

은찬   전, 아주 큰 나무가 되고 싶어요. 그래서 산소도 많이 만들고, 그늘도 크게 만들어서 사람들이 시원하게 쉬면 좋겠고, 나중에 늙으면 잘라서 배로 만들어져서 바다로 나가고 싶어요.

이렇듯 그림책 한 권으로 자신의 마음을 확인하는 대화를 나누며 아이 마음에 울림을 줄 수 있지요. 이때 아이가 부정적인 느낌에 매몰되지 않고 자신이 바라는 것이 무엇인지 깨달을 수 있도록 대화를 이어가는 것이 중요합니다. 그러는 과정에서 아이는 감정과 생각에 변화를 일으키고 점차 행동을 바꾸게 됩니다.

어떤가요? 우리가 알고 있던 일반적인 교훈을 주는 것을 넘어서, 그림책이 아이마다 다르게 말을 걸고 있다는 사실, 그래서 그림책으로 아이의 마음을 들여다보고 도와주고 힘을 줄 수 있다는 사실이 놀랍지 않나요?

무엇을 읽느냐보다 어떻게 읽느냐가 중요하다

4세 민준이 엄마예요. 책 육아를 열심히 하고 있지만, 아이는 뽀로로, 공룡, 자동차에만 관심이 있을 뿐, 다른 주제의 책은 보는 둥 마는 둥이에요. 유튜브에서 배운 대로 책 속의 그림을 살펴보며 대화를 나누려고 해도 계속 딴소리만 하고, 시간이 좀 길어진다 싶으면 책을 집어 던지기도 해요.

사실 많은 부모들이 아이가 배 속에 있을 때부터 일찌감치 책 육아를 시작하지요. 하지만 민준이 엄마의 고민처럼, 자신이 좋아하는 특정 주제의 책 외에는 관심을 보이지 않거나 심지어 책 읽기를 거부하는 아이도 있습니다. 그렇다면 이제 그림책 심리독서를 시작해야 할 때입니다.

우선 다음 질문에 답을 해 보세요. 아래의 질문들은 아이와 그림책 심리독서를 하기에 앞서 기본 방향을 잡기 위한 질문입니다. 아래 제시한 가이드라인을 참고한다면 책에 대한 흥미와 집중력을 높여 줄 뿐만 아니라, 아이의 마음을 더 깊이 이해하고 소통하는 대화로 이어질 수 있습니다.

❶ 아이가 선택한 그림책을 읽어 주나요?

아이가 선택한 그림책과 부모가 권하는 그림책이 다르다면 아이가 관심을 보이는 책을 읽어 주세요. 그래야 아이가 온 마음을 열고 책에 집중할 수 있습니다.

❷ 책을 읽어 주는데 아이가 관심을 보이지 않으면 어떻게 하나요?

그림책을 읽어 줄 때 아이가 관심을 보이지 않는다면 멈추어 주세요. 그 책 외에도 아이가 좋아할 만한 책은 무척 많으니까요.

❸ 아이가 자꾸 책장을 뒤적이면 어떻게 하나요?

읽는 도중에 아이가 책장을 뒤적인다면 "뒷이야기가 궁금한 거야?" 라고 물어봐 주세요. 이야기의 결론을 미리 알아야 안심하는 아이도 있답니다.

❹ 아직 끝나지 않았는데 다른 책을 읽어 달라고 하면 어떻게 하나요?

읽는 도중에 아이가 다른 책을 읽어 달라고 한다면 어떤 부분이 마음에 들지 않는지, 혹은 불편하게 느껴지는 부분이 있는지 물어봐 주세요. 깊이 숨어 있던 아이의 마음을 알 수 있습니다.

❺ 책을 읽고 어떤 대화를 해야 하나요?

내용을 기억하는지 묻는 질문보다 뒤에서 소개할 그림책 심리독서 대화법을 활용해 보세요. 부모와 아이가 깊이 소통하고 교감하는 시간을 가질 수 있습니다.

❻ 아이가 갑자기 읽고 있는 책과 관련 없는 이야기를 꺼내면 어떻게 하나요?

아이가 책과 관계없는 이야기를 불쑥 꺼낼 때는 분명 연결고리가 있어요. "어떤 문장, 어떤 그림을 보고 그런 생각이 들었어?"라고 물어봐 주세요. 아이 마음에 강하게 남은 기억이 무엇인지 알 수 있습니다.

❼ 그림책으로 어떤 독후활동을 하나요?

독후활동에 대한 부담은 내려놓으세요. 언제든 할 수 있는 그림 그리기 정도만으로도 충분합니다. 아이가 먼저 독후활동을 제안한다면 아이의 의견을 수용해 주세요.

이제 다시 민준이 이야기를 살펴보겠습니다. 민준이 엄마가 느낀 책 육아의 가장 큰 걸림돌은 바로 아이의 관심사가 엄마 마음에 들지 않았던 것입니다. 그림책 심리독서의 기본은 아이의 관심사를 따라가는 것입니다. 그래야 아이가 호기심을 가지고 더 깊이 몰입할 수 있지요. 민준이 엄마는 아이가 유독 좋아하는 뽀로로와 공룡 외에 다른 것에도 관심을 갖게 하고 싶었습니다. 그러나 자신의 호기심이 가로막힌 아이가 다른 것에 관심을 가지기란 더 어려울 수밖에 없어요.

이제 아이의 심리를 이해하는 새로운 책 육아가 필요합니다. 뽀로로, 공룡, 자동차. 벌써 민준이가 좋아하는 주제가 세 가지나 됩니다. 인터넷 서점에서 '공룡'을 검색해 보세요. 유아용 책만 1,800여 권이 뜹니다. 물론 스티커북 같은 놀이용 책도 많으니 이런 것을 빼고 생각하더라도 1,000여 권 정도는 될 거예요. 공룡에 대한 지식책, 창작동화, 그리고 공룡을 연구한 과학자에 대한 이야기 등 한 가지 주제를 바탕으로 한 매우 다양한 장르의 책들이 있다는 것을 확인할 수 있습니다. 꼭 다양한 주제의 책을 읽어야만 한다는 생각은 책 육아를 어렵게 만드는 부모의 고정관념일 뿐이라는 사실을 마음에 새기면 좋겠습니다.

앞서 74쪽에서 그림책 심리독서의 긍정적인 효과에 대한 연구 결과를 소개했습니다. 정리하자면, 그림책 심리독서를 통해 아이의 자존감과 사회성을 키우고, 공감 능력과 자기 조절력을 향상시켜 불안과 공격성을 감소시킬 수 있습니다.

그렇다면 그림책을 읽어 주기만 하면 앞에서 말한 모든 효과를 누릴 수 있을까요? 아쉽지만 그렇지 않은 경우가 더 많습니다. 중요한 점은 '어떻게' 읽느냐입니다. 74쪽으로 돌아가 밑줄이 그어진 부분을 다시 한번 읽어 보세요. 제대로 된 그림책 심리독서에서는 그림책을 읽는 동안, 또는 그 후에 아이와 쌍방향으로 소통하는 과정이 가장 중요하다는 것을 확인할 수 있습니다. 은찬이와 진행했던 그림책 대화처럼 그림책 심리독서의 기본적인 상호작용 방법을 기억해 둔다면 어떤 책에서도 활용할 수 있을 것입니다.

❶ 그림책 속 등장인물들이 어떤 감정을 느끼는지 그들의 마음을 짐작해 본다.

❷ 이야기의 흐름에 따른 등장인물들의 감정 변화를 살펴본다.

❸ 자신이 주인공이라면 어떤 마음일지 자기 감정을 탐색해 본다.

❹ 그 감정 속에 숨어 있는 자신의 생각을 찾아 보고 이야기 나눈다.

❺ 서로 다른 경험과 생각을 나누며 사고의 폭을 넓힌다.

이렇게 그림책을 읽고 심리독서 대화를 나누면 아이는 처음엔 "좋아요. 싫어요." 정도의 단답형으로만 반응합니다. 그러다가 점차 "슬퍼요. 무서울 것 같아요. 너무 억울해요. 나도 그런 적 있는데, 우리 엄마는요, 우리 아빠는요……."라며 풍부한 감정을 묘사하고 자신의 경험도 속 시원히 말할 수 있게 되지요.

이런 대화를 통해 아이는 타인의 감정에 대해서도 폭넓게 인식하고, 한 가지 주제에 대해 서로 다른 생각을 나누며 사회적 관습 및 도덕과 가치관을 배울 수 있습니다. 대화 과정에서 상대방의 이야기를 경청하는 태도를 기르며, 서로의 의견을 조율해 가는 경험도 하게 되지요.

이렇게 자신의 마음을 이해하고 타인의 관점을 배우는 과정을 겪으면서 아이는 편안하고 긍정적인 성격을 형성하고 자존감을 높여 가기 시작합니다. 그림책에서 묘사한 다양한 사회적 상황들을 이해하면서 사회적 언어와 사회적 기술도 습득할 수 있지요.

이렇듯 그림책 심리독서는 아이의 정서 발달과 인지 발달을 도우면서 자연스럽게 자존감과 사회성을 키워 준다는 것을 알 수 있습니다. 그러니 한 권의 책을 읽더라도 그 영향력을 더욱 촉진할 수 있는 방법으로 읽으려는 노력이 필요합니다.

자존감과 사회성의
기초 다지기

자존감과 사회성의 뿌리가 되는
세 가지 축

문제 행동을 보일 때 살펴야 할 세 가지

잘 키우려 그렇게도 애를 썼는데, 아이의 문제 행동은 왜 점점 많아질까요? 이럴 때 그 원인이 무엇이고, 어떤 방향으로 아이를 도와주어야 할지 알고 싶다면, 가장 먼저 해야 할 일은 바로 심리 치료사의 시선으로 아이를 살펴보는 것입니다.

아이에게 심리적인 문제가 생기면 놀이 치료나 사회성 치료를 받기 위해 상담소를 찾아옵니다. 그때 치료사 선생님들은 아이의 행동에서 무엇을 보는지, 그리고 어떻게 아이의 마음을 안정시키고 문제 행동을 해결하는지 궁금하지 않나요? 이 과정을 이해하고 따라 해 본다면 우리 아이의 심리 성장에 매우 큰 도움이 될 것입니다.

우리 아이의 문제 행동이 늘어나고 있다면, 심리 치료사의 눈으로 살펴봐야 할 세 가지가 있습니다. 치료사는 아이의 문제 행동만 보지 않습니다. 그런 문제가 생길 수밖에 없는 아이의 '정서적 상태'는 어떤지, 그리고 그런 정서적 문제의 원인이 된 아이의 '타고난 기질'은 어떤지, 커 갈수록 아이의 정서에 강하게 영향을 미치는 '인지 능력'이 어떻게 발달하고 있는지를 살펴보지요.

아이의 심리 치료는 기질, 정서 발달, 인지 발달에서 문제의 원인을 찾고, 아이에게 잘 맞는 해결책이 무엇인지 찾아 적용하는 과정입니다. 4세 시준이의 사례를 통해 좀 더 자세히 살펴보겠습니다.

선생님은 시준이가 유치원에 입학한 초기부터 난감해했습니다. 시준이는 수업 시간에 계속 돌아다니고, 선생님의 지시 사항을 거의 따르지 않았지요. 규칙도 잘 지키지 않고 수업 중에 불쑥 교실 문밖으로 나가려 해서 선생님을 당황하게 했습니다. 친구가 가지고 노는 장난감을 뺏기도 하고, 게임 놀이를 하다가 자기가 질 것 같으면 무리하게 반칙을 쓰거나 게임 도구를 엎어 버리며 폭발했지요. 종종 친구들을 건드리고 밀쳐서 원망을 듣기도 했습니다. 선생님은 시준이 엄마에게 이런 상태로는 유치원 생활이 어려우니 심리상담을 다니면서 시준이를 어떻게 지도해야 할지 상담사의 지침을 전해 달라고 강력하게 요청하셨습니다.

만약 우리 아이가 다니는 유치원에 시준이 같은 아이가 있다면 저절로 이런 생각을 하게 됩니다.

—— 도대체 저 아이 부모는 아이를 어떻게 가르쳤길래 아이가 저러지?

—— 부모는 왜 저런 아이를 그냥 내버려 두는 거야?

친구에게 피해를 당한 아이의 부모들이 정말 많이 하는 질문과 하소연이지요. 그런데 과연 우리의 의심대로 시준이 엄마 아빠는 아이를 제대로 가르치지 않았고, 문제 행동을 방관해서 아이의 문제를 키웠을까요? 정작 아이의 부모를 상담해 보면 전혀 다른 고민을 말합니다.

아무리 가르쳐도 달라지지 않아요. 이제 어떻게 해야 할지 모르겠어요. 유치원 선생님이나 다른 아이의 엄마가 전화만 해도 가슴이 덜컥 내려앉아요.

시준이 부모는 정말 열심히 아이를 키웠어요. 육아서와 육아 전문 강의와 맘카페에서 중요한 정보를 열심히 배워 가며 잘 가르치려 애를 썼지요. 하지만 이상하게도 노력한 보람은 온데간데없고 아이는 점점 더 말을 안 듣고 제멋대로 하려는 성향이 강해졌습니다. 시준이 엄마는 시준이가 세 살이 되었을 때 아이를 처음 어린이집에 보낸 날부터 선생님의 걱정을 듣기 시작했어요.

그래서 따끔하게 가르쳐야 한다는 생각에 아이를 혼내고 가르쳤지만 상황은 나아지지 않았습니다. 어린이집에서도 선생님이 특별히 신경을 썼지만 아이는 달라지지 않았고, 다른 부모들의 원성이 커져서 쫓겨나다시피 했다고 해요. 이런 아픔을 가진 시준이 부모를 진정시키고 섬세하게 문제의 원인을 찾아 보기로 하였습니다.

정서, 편한 마음이 모든 변화의 시작

이제 시준이에게 왜 이런 문제가 나타났는지 세 가지 축을 중심으로 살펴보겠습니다. 가장 먼저 살펴보아야 할 요소는 바로 아이의 정서 문제입니다. 시준이가 문제 행동을 할 수밖에 없는 정서적 어려움은 무엇일까요? 만약 마음에 상처가 있다면 외롭고 두려움이 많겠지요. 억울함이 많다면 원망과 분노감이 터져 나올 것이고, 좌절의 경험이 많다면 막막하고 불안이 가득하겠지요. 이런 정서 문제가 있다면 누구라도 좋은 행동을 하기는 어렵습니다.

우리 아이의 애착 정도는 어떠한가요?

정서 문제의 첫 번째 원인은 안타깝게도 아이에게 안정적인 애착이 형성되지 못했거나, 아이가 자라면서 받은 스트레스와 심리적 상처에 기인합니다.

먼저 아이의 애착 정도를 살펴볼까요? 애착은 주양육자와 아이의 친밀하고 신뢰감 있는 관계에서 시작됩니다. 이제 웬만한 부모들은 '애착'이라는 개념에 익숙합니다. 그럼에도 불구하고 굳이 언급하는 이유는 태어나서 약 12개월 동안 형성된 애착 패턴이 아이의 인생 전반에 걸쳐 타인과 관계 맺는 방식을 결정하기 때문입니다. 애착 개념을 최초로 제시한 영국의 정신의학자 존 볼비(John Bowlby)는 "애착이란 영아와 양육자 간에 연결되는 강렬하고도 지속적인 정서적 결속"이라고 정의하였습니다.

아이의 애착 정도를 알아보는 가장 대표적인 방법은 1~2세 아이를 대상으로 한 '낯선 상황 실험'입니다. 놀이방에서 아이와 엄마가 놀다가 외부인이 들어오고, 엄마는 밖으로 나갑니다. 아이의 심리적 안전기지인 엄마가 나가 버린 상황이 아이에게는 고통스러운 상황이 되지요. 그때 아이가 보이는 감정적 반응과 다시 돌아온 엄마를 대하는 아이의 태도를 보고 애착의 안정성을 구분할 수 있습니다.

안정 애착 안정 애착이 형성된 아이는 엄마와 분리되었을 때 울면서 엄마를 찾지만, 엄마가 돌아왔을 때 위안받고 싶다는 것을 표현하고, 위로받고 안도감을 느낀 후에는 다시 놀이에 대한 욕구를 표현했습니다. 이 상황에서 엄마는 어린아이의 비언어적 단서들, 즉 울먹이며 두 팔을 들어 올려 안아 달라고 엄마에게 다가오거나 엄마 몸에 파고들려는 행동에 적절한 반응을 보였지요.

회피형 불안정 애착 이 유형의 아이는 엄마와 분리될 때도 별로 울지 않았고, 엄마를 다시 만나도 위로받고 싶은 마음을 직접 표현하지 못하고 오히려 엄마를 회피하거나 무시하는 경향을 보였습니다. 엄마에게 안겼을 때도 엄마 품에 달라붙기보다 축 늘어지는 현상도 발견할 수 있었습니다. 아이가 느낀 고통의 정도가 겉으로는 잘 드러나지 않았지만, 심장박동이 빨라지고 스트레스호르몬인 코르티솔이 증가하였습니다.

저항형 불안정 애착 이 유형의 아이는 엄마와 분리될 때 심하게 울음을 터뜨렸지만, 엄마를 다시 만난 상황에서 엄마가 안으려고 할 때는 오히려 저항하거나 분노를 표출하며 양가적인 감정을 표현했습니다. 엄마가 안으려고 할 때 거부하듯 몸을 뒤로 젖히는가 하면, 엄마에게 붙어 있긴 하지만 쉽게 안정을 찾지 못하고 오히려 엄마를 발로 차거나 때리는 모습을 보이기도 했습니다.

혼란형 불안정 애착 이 유형의 아이는 회피형과 저항형의 반응이 섞인 모습을 보였습니다. 엄마와 분리되었을 때는 다른 불안정 애착 유형과 같은 행동을 보였고, 다시 만났을 때는 등을 돌리거나 얼어붙거나 심하면 털썩 주저앉는 모습을 보였습니다. 혼수상태 같은 멍한 반응을 보이기도 했지요. 마치 애착이 붕괴된 듯한 혼란스러운 행동을 보이는데, 이는 안식처여야 할 엄마가 동시에 공포의 근원이 되는, 피할 수도 해결할 수도 없는 상황에 놓였던 아이들이 보이는 모습입니다.

존 볼비는 4~7세 유아를 위한 애착 측정 도구로 '분리불안 검사'를 만들었습니다. 다음의 여섯 가지 상황 그림을 제시하여 아이의 감정 반응과 행동 반응을 인터뷰하고, 그 반응에 점수를 매겨 아이의 애착 정도를 알아보는 검사입니다.

상황
• 아이를 2박 3일 캠핑에 데려다주고 떠난다.
• 낯선 아주머니 집에 하루 종일 아이를 맡겨 두고 외출을 한다.
• 아이를 집에 혼자 남겨 두고 시장에 간다.
• 아이를 외갓집에 데려다주고 2주 동안 여행을 떠난다.
• 아이에게 잘 자라고 인사하고 불을 끄고 나간다.
• 낯선 아주머니를 집으로 불러 아이를 맡겨 두고 잠깐 외출을 한다.

우리 아이는 이런 상황에서 어떤 감정을 보일까요? 다음 표를 참고 하여 아이의 감정 반응을 점검해 보세요.

부정적 감정	쓸쓸하다. 무섭다. 화난다. 이상하다. 속상하다.
긍정적 감정	괜찮다. 아무렇지도 않다. 즐겁다. 신난다.

4~7세 아이가 애착 대상인 주양육자와 분리될 때 속상하고 무섭고 화나는 감정 반응을 보이는 것이 당연합니다. 반면, 부모와 떨어졌는데 아무렇지 않거나, 오히려 좋아하는 감정 반응을 보인다면 아이가 안정 애착을 형성했다고 보기 어렵습니다.

이제 다음 페이지의 표를 참고하여 아이의 행동 반응을 체크하고 점수를 계산해 보세요.

	점수	방식	행동 반응
행동	6	설득·대안	• 얌전히 있겠다고 말하고 따라간다. • 데리고 가 주면 공부를 열심히 하겠다고 한다.
	5	저항·고집	• 운다. • 매달린다. • 가지 못하게 가로막는다. • 엄마의 구두나 핸드백을 감춘다.
	4	새로운 애착 대상	• 돌보미나 할머니와 같이 논다. • 친구를 불러서 같이 논다.
	3	창조적 놀이	• 블록 놀이, 퍼즐 맞추기, 조립식 장난감 조립하기, 책 읽기, 공부를 한다.
	2	수동적 놀이	• TV나 영상 보기, 게임을 한다.
	1	극단적 행동	• 방에 들어가 문을 잠근다. • 엄마를 때린다. • 물건을 집어 던진다.

엄마가 떠나지 않도록 적극적으로 설득하거나 대안을 제시한다면 높은 점수를 받습니다. 반면에 오히려 애착 대상을 멀어지게 하는 반응, 즉 엄마를 때리거나 문을 잠그는 등의 행동은 낮은 점수를 받게 됩니다. 위의 여섯 가지 상황에서 보이는 애착 행동에 대한 총 점수는 6점에서 36점까지이고, 점수가 높을수록 애착 안정성이 높다고 평가할 수 있습니다.

애착의 핵심은 의사소통의 질

앞에서 다룬 검사에서 안정 애착과 불안정 애착을 구분하는 정확한 수치를 제시하기는 어렵지만 대강의 애착 안정성을 살펴보는 것에는 무리가 없습니다. 그렇다면 우리 아이는 안정 애착일까요? 불안정 애착일까요? 그리고 만약 불안정 애착 유형이라면 이유가 무엇일까요? 발달심리학자 메리 에인즈워스(Mary Ainsworth)는 이후의 연구에서 안정 애착과 불안정 애착으로 나뉘게 되는 가장 핵심적인 원인을 발견하였습니다. 바로 주양육자와 아이 간의 의사소통의 질이었습니다.

안정 애착 유형 아이의 부모는 아이가 보내는 신호와 그 의도를 정확히 파악하고 반응해 주었습니다. 아이가 울먹이며 팔을 들거나 부모 품에 파고들려 할 때, 부모는 아이가 위안받고 싶어 한다는 것을 알아채고 품에 안고 다독였습니다. 아이가 안정된 후에는 다시 놀고 싶어 하는 신호를 읽고 아이가 잘 놀 수 있도록 놓아주었습니다. 즉, 아이가 신호를 보내면 부모는 아이가 무엇을 느끼는지 알고 아이가 필요로 하는 것을 제공할 수 있었지요.

회피형 불안정 애착 유형 아이의 부모는 연결을 원하는 아이의 시도를 거부하는 모습을 보였고, 아이가 울어도 잘 안아 주지 않고 무시할 때가 많았습니다. 아이가 슬퍼하고 있는 것처럼 보일 때도 부모가 뒤로 물러나는 것을 관찰할 수 있었습니다.

저항형 불안정 애착 유형 아이의 부모는 심리적으로 불안정한 경우가 많았고, 아이가 감정을 드러내거나 신호를 보내도 그 의미를 잘 감지하지 못하고 아이가 도움을 필요로 할 때 무시 또는 거부하는 경우가 많았습니다. 반면에 아이가 하는 행동에는 지나친 참견과 과잉보호, 일방적인 간섭을 하는 경향을 보였습니다. 그래서 이 유형은 양가적 불안정 애착이라고도 합니다.

혼란형 불안정 애착 유형 아이의 부모는 감정 기복이 극단적으로 심해서 일관된 양육 태도를 보이지 못하는 경우가 많았습니다. 조금 전까지 웃으며 다정했는데 갑자기 화내며 아이를 무섭게 혹은 냉정하게 대하는 경우들이지요. 이 애착 유형의 또 다른 배경으로는 가정 폭력이나 학대 등 아이를 극단적 트라우마에 빠지게 한 경험을 들 수 있습니다. 이런 경험을 한 아이들의 50퍼센트 정도가 혼란형 불안정 애착 패턴을 보입니다. 엄마 아빠에게 다가가고 싶지만, 엄마 아빠가 싫어하고 혼낼까 봐 무섭고 불안한 심리 상태이지요.

즉, 일관성 있고 신뢰할 만하며 공감해 주는 부모 밑에서 자란 아이는 안정된 애착 관계를 형성하고, 다양한 형태의 비일관성, 거절, 유기, 학대 등을 경험한 아이는 불안정한 애착 관계를 형성합니다. 이렇듯 부모가 아이를 대하는 태도와 의사소통 방식이 우리 아이의 마음속 깊이 애착의 뿌리를 형성하게 되고 정신 건강의 토대가 된다는 사실에 유의해야 합니다.

이제 시준이의 정서 문제를 살펴보겠습니다. 시준이 엄마에게 시준이가 태어났을 당시의 상황을 물어보니, 아이가 태어난 이후로 1년간은 무척 힘들었다고 말합니다. 늘 수면 부족에 시달렸고, 주변의 도움을 받을 수 없는 상황인 데다 남편도 일이 너무 바빠 양육에 그리 협조적이지 못했습니다. 그런 상황에서 아이가 너무 심하게 울거나 보채고 잠을 자지 않으면 엄마는 달래고 달래다 소리를 지르기도 하고, 우는 아이를 그냥 내버려 둔 적도 있다고 했습니다. 게다가 이렇게 힘든 자신을 도와주지 않는 남편에게 빈번히 화를 내고 부부 싸움을 자주 했으며, 아이가 이런 상황에 고스란히 노출되어 있었다고 합니다.

엄마가 아이 양육을 위해 힘겹게 노력했음에도 시준이의 애착 형성에는 문제가 있었고, 그로부터 아이의 정서 및 행동 문제가 비롯되었다는 걸 알 수 있었습니다. 시준이에게는 무엇보다도 먼저 엄마와의 애착을 회복하기 위한 과정이 필요했습니다.

아이의 문제 행동이 유아기의 애착 문제에서 100퍼센트 기인하는 것은 아닙니다. 아무리 불안정한 애착이 형성되었다고 해도 성장 과정에서 안정적이고 신뢰감 있는 육아를 제공받은 경험이 계속 쌓이면 얼마든지 '회복된 안정 애착'으로 바뀔 수 있어요.

그러나 안타깝게도 시준이 엄마 아빠는 아이의 문제 행동이 계속될 때 무섭게 화를 내며 혼을 낸 경우가 많았습니다. 그로 인해 아이에게 2차적 정서 문제가 발생해 상황을 더욱 어렵게 만들고 있었습니다. 아이가 드러내는 공격성의 원인을 찾는 과정에서 엄마가 흐느끼며 이렇게 말합니다.

자꾸 문제가 생기니 제가 너무 무섭게 혼낸 것 같아요. 너무 자주……

기질, 고치려 하지 말고 강점으로 키워라

미국 심리학자이자 유전학 분야의 세계적 권위자인 대니엘 딕(Danielle Dick) 교수는 부모는 자신이 어떤 아이를 키우는지 알아야 한다고 강조합니다. 아이들은 태어난 직후부터 행동 방식에서 차이를 보이는데, 이는 유전자에 내포되어 있는 아이 고유의 기질적 특성 때문이지요.

사실 우리 모두 이미 알고 있습니다. 같은 부모에게서 태어나도 한 아이는 활동적이고 다른 아이는 조심성이 많을 수 있지요. 한 아이는 주변 자극에 순하고 편안하게 반응하는 한편, 다른 아이는 까다롭고 예민하게 반응하기도 합니다. 발달심리학자들은 이렇게 타고난 성격적 특성을 '기질'이라 부릅니다.

부모는 우리 아이가 어떤 아이인지 아는 것에서부터 육아를 시작해야 합니다. 미국 심리학자 메리 로스바트(Mary Rothbart)를 비롯한 학자들이 영유아를 대상으로 한 다양한 연구에서 흥미로운 대목은 생후 3개월 무렵에 보이는 성격적 특성으로 일곱 살이나 청소년기의 성격적 특성을 예측할 수 있다는 점입니다. 3개월 무렵에 겁이 많았던 아이는 일곱 살에도 겁이 많았고, 쉽게 화를 냈던 아이는 일곱 살에도 화를 잘 냈으며, 충동성을 보인 아이는 나중에도 여전히 충동적인 경향을 보였고, 사람들에게 쉽게 다가가고 친밀함을 보인 아이는 다른 아이보다 훨씬 더 사회성이 좋은 청소년으로 자라났습니다.

타고난 기질이 아이의 평생 성격을 결정한다면, 부모가 아이를 잘 키우려 노력하는 것이 필요 없는 건 아닌가 하는 의문을 갖게 됩니다. 그런데 결코 그렇지 않습니다. 기질은 생물학적 특성으로 타고난 것이고, 기질을 바탕으로 성장하면서 성격이 형성이 됩니다. 흔히 '사람 성격은 안 변한다.'라고 말하는 것을 엄밀하게 따져 보면, 기질은 변하지 않고 그 기질을 바탕으로 형성되는 성격은 변화 가능하다고 이해하는 것이 맞습니다. 모든 기질은 아이 고유의 강점입니다. 따라서 아이의 기질을 잘 이해하고 기질적 강점을 잘 발달시키는 방향으로 양육하면 아이는 자기답게 성숙하게 자랄 수 있습니다.

조심성이 많고 겁이 많은 아이에게는 다정하고 따뜻한 방식으로 아이가 안심하고 새로운 환경을 탐색할 수 있게 도와주고, 안전하다고 느낀 새로운 환경에서 즐겁고 긍정적인 경험을 많이 하도록 해 주어야 합니다. 그러면 아이는 신중하게 준비하고 계획하여 실수를 줄이는 방향으로 발전할 수 있습니다. 그래도 기질은 크게 변하지 않아 여전히 조심성 많은 성격으로 살아가게 되지요. 그런 기질의 아이를 다그치고 질책하는 방식으로 양육한다면, 아이는 늘 주눅 들어 자신감과 자존감을 잃고 도전을 회피하는 소심한 성격으로 커 갈 수도 있습니다.

충동적인 아이는 다양한 자극을 추구하며 모험을 즐기고 실패를 두려워하지 않지만, 그만큼 실수도 많고 자주 말썽을 부리지요. 이런 아이는 다양한 경험을 쌓으며 통찰력을 기르되 조심성을 보완할 수 있도록 이끌어 주면 됩니다. 그러면 아이는 도전적이고 진취적이며 새로운 아이디어를 창출하는 선구자 역할을 하는 성격으로 발전할 수 있습니다. 반면에 잘못을 크게 혼내고 경험을 제한하는 방식으로 양육한다면, 아이는 다양한 자극을 추구할 기회를 찾지 못한 채 억눌린 충동성을 폭발하며 타인과 갈등을 빚고, 일탈 행동에 빠져들 우려가 있습니다.

이렇듯 부모는 우리 아이가 어떤 기질을 가졌는지 먼저 파악해서 성숙한 성격으로 발전할 수 있도록 도와주어야 합니다. 이론에 따라 아이의 기질을 파악하는 척도는 다양하지만, 그중 유아기 아이 부모가 꼭 알아야 할 두 가지가 있습니다. 첫째, 우리 아이는 어떤 욕구가 강한 타입인지 파악해야 하고, 둘째, 주변 자극에 어떤 식으로 반응하는지 살펴봐야 합니다. 이 두 가지에 따라 아이의 행동 방식은 크게 차이가 납니다. 이제 그 두 가지 기준을 바탕으로 우리 아이의 기질은 어떠한지 알아보고, 각 기질별로 적절한 육아 방식은 무엇인지 살펴보겠습니다. 기질별로 사회성과 자존감을 키워 주는 자세한 방법에 대해서도 차차 알아보도록 하겠습니다.

우리 아이는 어떤 욕구가 강한가요?

이제 시준이 부모의 노력에도 불구하고 시준이의 문제 행동이 늘어나는 이유가 무엇인지 좀 더 근본적인 원인을 알아보겠습니다. 시준이 부모는 안타깝게도 시준이가 어떤 아이인지 잘 몰랐습니다. 심리학에 이런 말이 있습니다. "인간이 선택하는 모든 행동은 자신의 욕구를 채우기 위한 행동이다." 이 말에 비추어 본다면 시준이가 친구를 밀치고 때린 건 어떤 욕구를 채우기 위해서라는 의미가 됩니다. 시준이에게는 어떤 욕구가 그리 중요했던 걸까요? 이를 알아보기 위해, 시준이가 문제 행동을 한 날 아침에 집에서 엄마 아빠와의 관계에서 생긴 일, 유치원에서의 놀이, 친구와의 관계, 급식 메뉴 등에 대해 자세히 확인해 보았습니다.

우선 시준이가 날마다 문제를 일으키는 게 아니라는 점이 중요합니다. 유치원에 등원하는 주 5일 중에서 2~3일 정도 문제가 발생하였습니다. 물론 부모나 선생님 입장에서는 일주일에 한 번만 문제가 발생해도 매우 자주 일어난다고 느끼게 됩니다. 하지만 여기서 중요한 것은 문제가 발생하지 않은 날에는 '왜 아무 일도 일어나지 않았을까?' 하는 점입니다.

시준이가 편안하게 생활한 날의 특징이 있었습니다. 날씨가 괜찮은 날, 급식 메뉴에 좋아하는 반찬이 한 가지 이상 있었던 날, 친구가 자기 말을 잘 들어준 날, 그리고 선생님이 한 번 이상 칭찬해 준 날이었습니다. 그렇다면 이제 쉽게 이해가 됩니다. 이런 조건들이 거의 이루어지지 않거나 어떤 불편감이 생겼을 때 시준이가 심술 행동을 보였던 것이지요.

시준이는 무슨 일이든 자신이 주도하고, 친구 무리의 중심이 되고, 선생님의 칭찬도 독차지하고 싶어 하는 아이입니다. 자신이 칭찬받지 못한 날뿐만 아니라 선생님이 다른 아이를 크게 칭찬한 날에도 질투가 나고 심술이 납니다. 게다가 시준이는 감각적으로 예민한 아이입니다. 그래서 날씨가 덥거나 비가 와서 습기가 많은 날, 혹은 입은 옷이 까슬거리거나 급식에서 좋아하는 반찬이 하나도 없는 날에는 감정이 치밀어 올라 조절하지 못했던 것입니다. 이제 아이의 이런 기질을 제대로 이해하고 도와주는 방법을 알아야겠습니다.

미국의 정신과의사이자 임상심리학자인 윌리엄 글래서(William Glasser)는 인간의 행동을 유발하게 하는 원동력은 외적 자극이나 과거에 해소되지 않은 갈등이 아니라, 다섯 가지 기본 욕구를 충족시키기 위한 결정과 선택이라고 이야기합니다. 다섯 가지 기본 욕구는 다음과 같습니다.

생리적 욕구	생존 욕구	• 건강하게 생존하려는 생리적 기능의 욕구, 생식을 통한 자기 확장의 욕구. • 자신과 소중한 사람의 안전을 도모하는 것이 중요함.
심리적 욕구	사랑과 소속의 욕구	• 가족, 친구, 사회 집단에서 사랑하고 사랑받고, 협력하고 나누며 소속되고자 하는 욕구. • 특히 커 갈수록 또래 집단에서의 소속이 매우 중요해짐.
	힘과 성취의 욕구	• 최고의 능력과 성취를 얻으려는 욕구. • 최고가 되고, 이기고, 일등을 하고, 타인에게 중요한 존재로 인정받는 것이 중요함.
	즐거움의 욕구	• 놀이를 즐기고 새로운 것을 배우고자 하는 욕구. • 정서적 즐거움과 인지적 즐거움이 둘 다 매우 중요함.
	자유의 욕구	• 자기 의지대로 선택하고 싶은 욕구. • 독립, 자율성, 자유로운 이동 등 자신이 원하는 방식을 스스로 선택하는 것이 중요함.

사람은 모두가 다섯 가지 욕구를 가지고 태어나지만, 욕구의 강도가 저마다 다르며, 이는 태생적인 것으로 평생 변하지 않는다고 합니다. 사람에 따라 한 가지 욕구만 강할 수도 있고, 두세 가지 욕구가 강한 사람도 있습니다. 욕구와 관련해 알아 두어야 할 것이 있습니다. 바로 사람이 하는 행동은 모두 자신에게 중요한 욕구를 채우기 위한 선택에서 비롯된다는 것입니다.

자신이 하는 모든 행동이 자신의 선택에 의한 것이라는 말이 쉽게 받아들여지지 않을 수 있습니다. 하고 싶어서 하는 행동보다 해야 하니까 하는 행동이 더 많다고 생각하기 때문이지요. 그렇다면 이렇게 생각해 볼까요? 신호등 앞에 서 있다가 초록불이 켜지자 길을 건너는 사람에게 왜 건넜느냐고 물어보면 "초록불이니까."라고 대답합니다. 하지만 근본적인 이유는 그게 아닙니다. 초록불일 때 건너기를 선택했기 때문입니다. 다니는 차가 없고 시간이 촉박할 때는 가끔 빨간불에 건너기를 선택하는 때도 있으니까요. 그러니 내가 오늘 하루 실행한 모든 행동이 결국 나의 선택이라는 의미입니다.

어떤가요? 우리가 매 순간 모든 행동을 선택하고 있다는 사실이 좀 와 닿으시나요? 어릴 적부터 당연히 해야 하는 것, 몸에 배어 버린 습관이라 생각했던 많은 행동들이 사실은 나 자신이 알게 모르게 선택한 결과라는 점이 중요합니다. 그리고 그 선택은 내가 원하는 욕구를 채우기 위한 것이며, 다만 그 욕구를 채우기 위해 선택하는 방법에는 개인차가 있다는 사실도 유의해야겠지요.

힘과 성취의 욕구가 강한 아이는 일등을 하기 위해 열심히 공부를 할 수도 있고, 친구들을 재미있게 해 줘서 인기를 끌어 반장이 될 수도 있고, 그것도 안 되면 힘과 주먹으로 친구들을 굴복시켜 소위 '일진'이 될 수도 있습니다. 따라서 부모와 선생님은 아이가 성숙하고 바람직하며 건설적인 방식을 선택할 수 있도록 도와주어야 합니다.

그런데 힘과 성취의 욕구가 유독 강한 아이는 시준이의 사례에서처럼 유아기에 문제를 보이는 경우가 많습니다. 무엇에든 욕심을 부리고 지는 걸 참지 못하니까요. 시준이는 유치원 버스도 일등으로 타야 직성이 풀리고, 다른 아이가 재미있게 가지고 노는 장난감이 있으면 어떻게든 그걸 차지하고 싶어 합니다. 보드게임을 하다가 질 것 같으면 반칙을 쓰거나 중간에 제멋대로 규칙을 바꾸고, 그것도 안 되면 보드판을 엎어 버리고 울음바다가 되어 버리지요. 그러다가 어느 순간 자기가 질 것 같은 놀이는 아예 하지 않으려 들고 이길 자신이 있는 것만 하겠다고 우기며 도전을 회피합니다. 겉으로는 큰소리치지만, 사실은 자존감이 낮은 상태입니다.

그렇다면 시준이를 어떻게 대해야 할까요? 아이의 이기려는 욕구를 꺾지 마세요. 이기고 싶은 마음은 나쁜 것이 아닙니다. 다만 친구들보다 잘하기 위해서는 그에 관한 지식, 기술, 방법을 배워서 적절하게 활용해야 한다는 것을 알려 줘야 하지요. 시준이가 무언가를 잘했을 때도 어떤 점을 잘했는지, 다음에는 어떤 점을 보완하고 싶은지 대화를 나누는 것이 필요합니다. 선생님이 친구를 칭찬했다면, 시준이가 보기에도 그 친구가 잘한 점이 있는지 질문하며 대화를 나누어야 합니다. 아이가 질투의 감정에서 벗어나 친구를 칭찬하는 능력을 키울 수 있도록 도와주고 친구에게서도 좋은 점을 배울 수 있다는 사실을 깨달아 가게 하는 것이지요. 이런 능력들은 결코 저절로 생기지 않으며, 성장하는 과정에서 점차 습득해 나가야 합니다. 이렇게 자신이 몰랐던 것을 알아 가는 과정, 못하던 것을 하나씩 잘하게 되는 과정을 통해 아이는 자신의 욕구에 맞는 자존감과 사회성을 키울 수 있습니다.

우리 아이는 외부 자극에 어떻게 반응하나요?

미국의 아동학자 알렉산더 토머스(Alexander Thomas)와 의학박사 스텔라 체스(Stella Chess)는 아이가 주변의 자극에 반응하는 방식에 따라 유형별로 순한 아이 40퍼센트, 까다로운 아이 10퍼센트, 반응이 느린 아이 15퍼센트, 그리고 이런 세 가지 유형의 특성이 혼재하는 아이 35퍼센트로 구분하였습니다.

우리 아이는 어떤 기질의 아이일까요? 우리 아이가 외부 자극에 반응하는 방식에 따라 어떤 기질의 아이인지 다음 페이지의 표를 참고해서 살펴보세요. 이때 유의할 점이 있습니다. 아이의 반응 방식을 파악하는 것에 그치지 않고, 아이의 기질 유형에 맞춰 부모가 적절히 반응하고 양육하는 것이 필요합니다. 어려서부터 아이의 기질에 맞는 양육을 제공한다면, 아이는 안정된 정서를 형성하며 자신에게 적절한 방식으로 자존감과 사회성을 키워 갈 수 있습니다.

기질 유형	반응 특성
순한 아이	• 밝고 순하다. 잘 먹고 잘 자며 조용하고 수줍어하기도 한다. 특별히 싫어하는 것도 없고, 고집도 잘 부리지 않으며, 울어도 쉽게 달래진다. 부모의 지시를 잘 따르며 순종적이다. 낯선 사람이나 새로운 상황에 수월하게 적응한다.
까다로운 아이	• 순한 아이와 상반되는 기질로, 까탈스럽고 고집이 세고 화를 잘 낸다. 신체 리듬이 불규칙하여 먹고 자는 것도 까다롭다. 좋고 싫은 것이 명확하며, 특히 새로운 상황에 적응하는 데 어려움을 겪거나 부정적인 경향을 보인다.
반응 시간이 느린 아이	• 조심성이 많고 새로운 시도를 하지 않으려 한다. 변화된 환경에 적응하는 데 시간이 걸린다. 어떤 것에 관심이 생겨도 선뜻 나서지 않고 한참 동안 탐색하고 조심스럽게 접근한다. 낯설고 긴장되는 상황에 맞닥뜨리면 쉽게 위축되며 울음으로 반응하지만 그 강도는 낮은 편이다.
혼합형 아이	• 위의 세 가지 유형이 혼합된 모습을 보인다. 즉, 순하지만 반응이 느릴 수도 있고, 순하지만 까다로울 수도 있다. 까다로우면서 반응 시간이 느린 혼합형도 있다. • 기질 특성이 혼재하다 보니, 아이의 반응이 일관적이지 않고 상황에 따라 제멋대로인 것처럼 보일 수 있다. 이랬다저랬다 하는 것이 아니라 아이의 기질적 특성임을 이해하는 것이 중요하다.

아이가 순하면 부모의 민감성이 떨어지면서 아이에게 적절한 반응을 못 해 줄 위험이 있지요. 예민하고 까다로운 아이의 경우 부모가 너무 힘에 부쳐 윽박지르게 되면 아이는 더 예민하고 까칠한 성격으로 클 수 있습니다. 주변을 탐색하느라 반응이 느린 아이에게 부모가 자꾸 재촉한다면 아이는 더 주눅 들고 움츠러들 수 있습니다.

상담실에서 만난 많은 아이들도 기질에 맞는 적절한 양육을 받지 못한 경우가 대부분이었습니다. 그런 과정에서 자존감이 낮아지고 사회성도 부족해지는 바람에 유치원이나 학교에 다니는 일이 고역이 되어 버리기도 합니다. 따라서 부모는 아이의 기질에 따라 양육 방향을 잘 설정해야 합니다. 기질별 육아 방법과 유의점을 설명한 아래의 표를 참고해 주세요.

기질 유형	유의할 점	육아 방법
순한 아이	• 부모의 말을 잘 따르기만 하면 아이의 자율성 발달에 문제가 생길 수 있다. • 혼자 잘 놀고 순해서 방임될 우려도 있다.	• 아이가 표현하지 않아도 먼저 마음을 알아 주고, 의견을 세심하게 물어 아이가 자신의 생각을 잘 표현하도록 도와주어야 한다. • 부모가 먼저 새로운 자극을 제공할 필요도 있다.
까다로운 아이	• 남들은 불편하지 않은 것이 혼자 불편하다. 감각이 예민하여 시각·청각·촉각·후각적인 불편감이 아주 많다.	• 좋고 싫은 것을 표현하고 집착하는 모습을 보일 때 아이의 바람과 요구를 잘 들어주고 수용 가능한 대안을 찾아 준다. • 아이가 느끼는 만큼 불편한 상황이 아니라는 사실을 인식하도록 도와준다.
반응 시간이 느린 아이	• 낯선 상황에서, 또는 낯선 사람과 있을 때 쉽게 긴장해서 움직이지 않고 두리번거리는 경우가 많다.	• 낯선 상황에서 위축되었을 때, 아이가 안심할 때까지 충분한 시간을 주고 기다린다. 빨리 하라고 재촉하면 아이는 더 위축되어 수행력이 확연히 떨어질 수 있다.
혼합형 아이	• 두 가지 이상의 유형이 혼합된 기질의 아이는 다른 아이들보다 불편감이 더 많다. 감각도 까탈스럽고, 잘 긴장하고 위축된다. 불편감을 느껴도 말로 표현하지 못하는 경우도 많다.	• 낯선 상황에서 긴장한 표정으로 얼어 있을 때는 불편감이 많고 위축된 상태이니, 아이에게 어떤 점이 불편한지 물어보고 수용 가능한 대안을 찾아 주어야 한다. 이때 재촉하지 않고 천천히 적응할 시간을 준다. • 불편감을 말로 잘 표현하지 못할 수 있으니 표정과 몸짓을 잘 읽어 반응해 준다.

아이의 기질을 자신만의 강점으로 키우기 위해

상담실에서 부모들이 힘겨움을 호소하는 경우가 가장 많은 아이 유형
은 까다롭고 예민한 아이, 힘과 성취의 욕구가 높은 아이, 그리고 이
두 가지가 혼합되어 있는 아이입니다.

다시 시준이를 살펴보겠습니다. 시준이는 놀이를 하다 말고 중간에
자주 그만뒀습니다. 그 이유는 '친구가 나보다 잘해서', '내가 질 것 같
아서'였습니다. 힘과 성취의 욕구가 좌절되자 그 놀이를 지속할 수가
없었던 것이지요. 그리고 밖에서 작은 소리만 나도 문 쪽으로 달려가
곤 했습니다. 청각 자극에 예민한 까다로운 기질이었기 때문입니다.

그렇다면 이제 시준이를 어떻게 도와주어야 할까요? 까다로운 아이
가 불편감을 느끼기 전에 자극의 원인이 될 만한 것들을 미리 차단해
주세요. 그럴 수 없는 상황이라면, 아이가 맞닥뜨릴 수 있는 불편한 외
부 자극에 대해 미리 설명해 주세요. "밖에서 시끄러운 소리가 날 거
야." 이렇게 미리 설명하기만 해도 아이가 놀라는 정도가 줄어듭니다.
놀이에서 이기지 못해 속상해한다면, "져도 괜찮아. 재미있게 놀았잖
아."가 아니라, "져서 속상하지? 마음 진정할 때까지 기다려 줄게.", "어
떻게 하면 다음에 좀 더 잘할 수 있을지 같이 계획을 짜 볼까?"라고 말
해 주는 것이 좋습니다.

기질에 대해 부모가 유의해야 할 점은 어떤 기질이든 아이만의 강점
이자 재능이 될 수 있으며, 아직 발현되지 않은 잠재력이라는 사실입
니다. 따라서 부모는 아이의 기질을 제대로 이해하고, 고치려 하는 대

신 올바른 방향으로 잘 키울 수 있는 육아 전략을 세워야 합니다.

인지, 어디서든 원활하게 상호작용하는 아이의 기본기

유아기 발달의 가장 중요한 원칙은 정서와 인지의 균형 잡힌 발달입니다. 정서 발달의 중요성은 많이 알려져 있고, 어느 정도 보편타당한 원칙과 방법들을 쉽게 찾아 볼 수 있지요. 그런데 인지 발달에 대해서는 온갖 의견이 난무하고 전문가들조차 서로 상반되는 주장을 하는 경우가 많습니다. 그런 까닭에 부모는 우리 아이의 인지 발달을 위해 어떤 기준과 방법으로 도와주어야 할지 그 방향을 잡기가 쉽지 않습니다. 고민의 실타래를 풀기 위해 먼저 인지 발달의 개념과 기본 여건을 알아야겠습니다.

인지 발달은 언어 발달에 달렸다

인지 발달이란 유아가 사고·학습·요약·추론하는 능력이 성장하며 지적인 사람으로 변화되어 가는 발달 과정을 말합니다. 아이가 자라면서 다양한 지식을 습득하고, 논리 및 인과관계를 이해하고, 사안을 판단하고, 문제 해결 능력을 키워 가는 과정이지요. 이러한 인지 발달은 언어 발달을 기반으로 한다는 점을 기억해야 합니다.

모든 지식과 생각은 언어로 이루어져 있고, 이를 기반으로 타인과 상호작용하므로 결국 아이의 언어 발달이 인지 발달의 밑바탕이 됩니다. 그런데 코로나19로 인해 요즘 아이들은 심각한 수준으로 언어 발달 및 인지 발달이 지연되는 문제를 겪고 있습니다. 사람들과의 접촉이 상당 부분 제한되어 아이들이 다양한 언어를 접하고 상호작용할 기회를 잃었고, 두뇌 활동과 주의력 발달에 매우 중요한 신체 활동마저 제한되었기 때문이지요.

서울시와 대한소아청소년정신의학회가 발표한 2022년 '포스트 코로나 영유아 발달 실태 조사'에 따르면 언어·정서·인지·사회성 등 전 분야에서 정상적인 발달을 보이고 있는 아동은 약 52퍼센트에 그치는 것으로 나타났습니다. 특히 영유아 3명 중 1명은 언어 발달이 지연되고 있는 것으로 파악되었지요. 영유아 시기의 언어 발달 지연은 생각보다 심각한 문제를 유발할 수 있습니다. 의사소통의 어려움을 가져올 뿐만 아니라, 거기에서 비롯된 스트레스로 인해 짜증과 공격성의 증가 등 정서 문제를 동반할 수 있으며, 이 모든 과정이 사회성 발달에도 부정적인 영향을 미치게 되기 때문입니다.

그뿐만이 아닙니다. 미국 브라운 대학교 소아과의 숀 디오니(Sean Deoni) 교수 팀은 코로나19 시기를 전후로 영유아 대상 인지 능력 발달평가를 실시한 결과, 코로나19 발생 이전 10년간 영유아의 인지 발달 평균 점수가 98.5~107.3이었던 것에 비해, 코로나19 시기에 태어난 영유아의 인지 발달 평균 점수가 84.8~86.2로 대폭 떨어져 있다는 사실을 발견하였습니다.

인지 발달은 자존감과 사회성에 큰 영향을 미칩니다. 다음은 유아기 아이의 언어 능력의 발달과 자존감, 사회성 발달의 상관관계에 대한 연구 결과들을 종합해 본 것입니다.

— 언어 문제를 보이는 유아들은 공통적으로 자존감이 낮은 것으로 나타났다.
— 타인의 언어에 대한 이해 및 의미 파악 능력이 낮을 경우, 자존감이 낮을 수 있다.
— 낮은 자존감을 가진 유아는 자신의 생각을 구체적인 언어로 표현하지 못한다.
— 자존감이 높은 유아는 언어 능력의 핵심인 경청하는 태도를 지니고 있어 전반적으로 의사소통 능력이 뛰어나다.
— 자존감이 높은 유아는 듣기, 말하기, 읽기, 쓰기에서 우수한 발달을 보인다.
— 언어를 통해 타인의 생각이나 감정을 수용할 수 있으므로 유아의 언어 능력이 높을수록 사회성 또한 높다.
— 아이의 우수한 언어 능력은 상대방과 유기적 관계를 맺고 갈등을 해결하는 데 긍정적인 영향을 준다.
— 표현 능력이 발달한 유아는 또래와 적극적이고 협력적인 상호교류를 한다.

우리 아이는 어떤 가치관을 키우고 있나요?

3세 이하의 아이는 화가 날 때 다른 사람을 때리거나 무는 행동을 하기도 합니다. 아직 충동적인 감정을 조절하기 어렵기도 하고, 자신의 행동이 타인에게 끼치는 영향을 잘 알지 못하기 때문이지요. 이것은 사실 폭력적인 행동이라기보다는 방어 행동으로 이해하고, 상황에 맞는 행동을 가르치는 것이 중요합니다. 아이의 문제 행동을 멈추게 한 다음 아이의 손이나 몸을 살며시 잡고, "때리는 건 안 돼. 물면 안 되는 거야."라고 가르치고 역할극으로 연습해 보는 것이 좋습니다. 엄마와 아이가 인형을 하나씩 들고, 엄마 인형이 아이 인형을 때리는 시늉을 하면 아이가 가르친 말을 하게 하는 것이죠. 서로 역할을 바꾸어서 하는 것도 좋습니다. 이렇게 역할극으로 연습하면 아이가 훨씬 쉽게 이해할 수 있습니다.

물론 이렇게 한두 번 연습한다고 해서 아이의 행동이 곧바로 바뀌지는 않지요. 수십 번, 혹은 수백 번을 가르쳐야 하기도 합니다. 번거롭고 지치는 과정이지만, 꼭 거쳐야 하는 과정입니다.

그런데 아무리 가르쳐도 잘 고쳐지지 않고 아이가 계속 이런 행동을 한다면 또 한 가지 살펴봐야 할 중요한 사항이 있습니다. 아이의 행동 기준이 되는 '가치관과 신념'입니다. 아이에게 문제 행동이 나타날 때에는 아이의 정서에 어떤 문제가 있는지, 언어 발달과 인지 발달이 정상적인 과정을 거치고 있는지를 살펴보는 동시에, 건강한 가치관과 도덕적 개념들을 잘 키워 가고 있는지도 살펴보아야 합니다. 동생이나 친구를 자주 때린 아이들을 상담해 보면, '잘못했으니 때려도 된다.'는 잘못된 신념을 가졌음을 알 수 있습니다.

부모는 아이가 말귀를 알아듣는 순간부터 양보와 배려, 질서 지키기 등 수많은 중요한 인지적 개념을 가르칩니다. "이건 해야 해. 저건 하면 안 돼."라고 설명하는 과정이 바로 가치관 교육이지요. 많은 부모들이 평소 아이에게 하는 가치관 교육을 정리해 보았습니다.

이렇게 해야 해	그렇게 하면 안 돼
순서를 지켜야 해.	떼쓰면 안 돼.
규칙을 지켜야 해.	때리면 안 돼.
약속을 지켜야 해.	소리 지르면 안 돼.
정직하게 말해야 해.	네 마음대로 하면 안 돼.
친구와 나눠 먹어야 해.	새치기하면 안 돼.
갖고 싶어도 참아야 해.	욕심부리면 안 돼.
자기 차례가 올 때까지 기다려야 해.	거짓말하면 안 돼.
공공장소에서는 조용히 해야 해.	훔치면 안 돼.
고운 말을 써야 해.	물건을 던지면 안 돼.
친구를 도와주어야 해.	공공장소에선 그렇게 행동하면 안 돼.
양보하고 배려해야 해.	욕하면 안 돼.
속상하면 말로 표현해.	자기만 챙기면 안 돼.

위의 예시에 나오는 가치관들은 학자들이 꼽는 '유아에게 먼저 가르쳐야 할 가치관들'과 일치합니다. 그런데 우리 아이는 부모가 가르친 건강한 가치관을 마음에 새기며 행동하나요? 정말 이상합니다. 절대

친구를 때리지 말라고, 장난감을 던지지 말라고 수천 번을 말했는데도 왜 아이는 계속 때리고 던지고 소리 지르는 걸까요? 그럴 때는 아이가 만들어 가고 있는 가치관이 어떤지 점검해 봐야 합니다.

유치원에서 화가 나면 친구를 때리는 문제로 시준이와 나눈 대화입니다.

상담사　화가 나면 친구를 때린다고 들었어. 맞아?

시준　네, 친구가 잘못했으면 때려야죠!

상담사　응? 잘못하면 때려야 한다고 생각해?

시준　네! 당연하죠.

상담사　당연하다고 생각하는구나. 왜 그렇게 생각하게 되었어?

시준　(이상하다는 듯이 빤히 쳐다보며) 선생님, 보세요. 제가 잘못하면 엄마가 날 때려요. 아빠도 그렇고요. 그러니까 친구가 잘못하면 나도 때려야죠. 왜 나한테만 때리지 말라고 해요?

이 대화에서 우리는 무서운 사실을 발견하게 됩니다. 비록 어린아이지만, '잘못한 사람은 때려도 된다.'라는 잘못된 인지적 개념이 이미 형성되었다는 것입니다. 또 한 가지 주목할 점은 부모가 때리면 안 된다고 말로 하는 가르침을 배운 게 아니라, 부모의 행동을 보고 배우고 있다는 사실입니다. 소리치거나 남을 때리면 안 된다고 아이에게 가르치면서 정작 부모는 큰 소리로 아이를 혼내고 때린다면, 친구들과 사이좋게 지내야 한다고 말하면서 부부가 다투는 모습을 자주 보인다면, 아이는 부모의 말보다 부모의 행동을 더 강력하게 배우게 되는 것이지요.

아이의 기질, 정서, 인지, 이 세 가지 축이 오늘 아이의 하루를 채우고, 그 하루하루가 모여 아이를 만들어 가고 있습니다. 오늘 하루 우리 아이가 타고난 기질을 인정받으며 자기다운 하루를 보냈나요? 우리 아이의 정서는 어땠나요? 인지적으로 잘 배우고 건강한 가치관을 쌓았나요?

아이는 있는 그대로의 자신을 가치 있게 여기고, 수많은 자극과 흔들림 속에서 마음을 잘 조절하며, 친구들과 어울려서 재미있게 놀고, 즐거운 마음으로 배우며 자라나야 합니다. 그런 과정을 거쳐야 비로소 아이가 탄탄한 자존감과 성숙한 사회성을 키울 수 있다는 사실을 꼭 기억해야겠습니다.

아이의 자존감과 사회성을 받치는
부모의 세 가지 기둥

부모의 욕구: 자신의 양육 방식을 점검해 보세요

25년간 수많은 부모들을 상담하면서 경험적으로 깨닫는 부분이 있습니다. 모든 부모가 아이의 자존감을 높이고 사회성을 키우기 위해 노력하고 있지만, 그 방식에 있어서는 자신의 기질, 성격, 경험에 근거한 욕구에 따라 각기 다른 모습을 보인다는 점입니다. 따라서 그 결과도 제각각 다르지요. 그러므로 아이의 자존감과 사회성을 키우기 위한 구체적인 방법을 살펴보기 전에 부모인 나 자신을 돌아보고 이해하는 과정을 거쳐야 합니다.

　부모가 자신을 먼저 이해해야 자신의 과도한 욕구나 잘못된 신념 등을 조절하고 자신이 원하는 바대로가 아니라, 아이에게 맞는 최선의 선택을 하도록 도와줄 수 있습니다. 앞에서 인간의 다섯 가지 욕구에 대해 설명했습니다. 나는 어떤 욕구가 강한 사람인가요? 부모의 욕구 유형에 따라 아이를 양육하는 모습은 어떤 경향을 띠는지 알아보겠습니다.

생존 욕구가 강한 부모　이런 욕구 유형의 부모는 아이의 몸을 건강하게 키우는 일을 비롯해 안전을 지키고 사회적 규칙을 지키는 것에 몹시 예민합니다. 그래서 아이가 건강한 음식을 먹지 않으면 금방이라도 탈이 날 것 같아 걱정이 커지고, 아이의 하루 일상을 손바닥 위에 놓고 보듯 해야 안심하며, 아이가 다른 아이들과 공놀이를 하거나 킥보드와 자전거를 탈 때 항상 노심초사하지요.

물론 이 모든 것이 부모 역할 가운데 꼭 필요한 일이기도 하지만, 문제는 부모의 생존 욕구가 너무 강할 때 부작용이 따를 수 있다는 점입니다. 걱정이 많으니 계속 아이의 행동을 지적하고 통제하려다 갈등이 심해집니다. 약간의 모험이 필요한 상황에서조차 제한과 통제가 심하다 보니 아이는 불만이 생기기 쉽고, 다양한 경험을 하며 성장하는 데 방해가 되기도 합니다.

사랑과 소속의 욕구가 강한 부모　이런 욕구 유형의 부모는 아이와 친밀하게 지내며 함께 있는 시간을 좋아합니다. 아이가 유치원 생활이나 친구 관계 등에 대해 모두 이야기해 주기를 바라고, 아이의 마음도 예민하게 캐치해서 아이가 좋아하는 것을 배려하고 미리 챙겨 주려 애를 쓰지요. 아이는 따뜻하고 다정한 부모의 사랑을 충분히 느낄 수 있어 무척 행복해합니다.

이런 부모는 다른 사람이 나와 우리 아이를 어떻게 볼까에 대해서 굉장히 민감합니다. 그래서 아이가 친구에게 양보하거나 배려하지 않을 때 아이를 지나치게 혼내는 경향이 있습니다. 많은 아이들이 자기가 잘못하지도 않았는데 엄마 아빠가 나서서 친구에게 사과하라고 했다며 억울함을 호소합니다. 왜 그런 일이 일어났는지 파고들어 가 보면, 부모의 내면 깊은 곳에 강하게 자리 잡은 사랑과 소속의 욕구가 원인임을 알 수 있습니다.

이런 욕구가 강한 부모일수록 타인의 관심을 얻으려 지나치게 양보하고 배려하며, 우리 아이에게도 그런 행동을 하도록 은근히 강요합니다. 그래서 아이를 혼낼 때 자신도 모르게 이렇게 말하곤 합니다. "남들이 보면 뭐라고 하겠니!" 이런 말은 아이로 하여금 점점 더 타인의 시선을 의식하게 만들고, 자신이 원하는 것에 제대로 집중하지 못하게 만드는 부작용을 낳을 수 있습니다.

자유의 욕구가 강한 부모 이런 욕구 유형의 부모는 종종 자신이 아이 때문에 많은 것을 포기했다고 생각하기 쉽습니다. 자신이 하고 싶은 걸 원하는 때에 바로 하고 싶은데, 육아는 항상 모든 일의 최우선이라 자신의 욕구를 나중으로 미루거나 포기할 수밖에 없습니다. 그러니 아이를 키우는 것이 너무 우울하게 느껴지기도 하고, 자신을 잘 도와주지 않는 배우자에게로 원망의 불똥이 튀어 부부 갈등이 심해지기도 합니다.

혹자는 자유의 욕구가 우리나라 문화에서 부모들이 충족하기 참으로 어려운 욕구라고 말하기도 합니다. 그런데 조금 다르게 생각해 보면 어떨까요? 남들이 하는 대로 하지 않고, 창의적이면서 새로운 육아를 하는 게 가능한 것도 자유 욕구가 높은 부모들의 특징입니다. 남들다 보내는 학원에 보내는 것이 아니라, 부모의 취미 생활에 아이를 동참시켜 함께 그림을 그리거나 운동을 하는 경우도 있습니다. 도자기만들기, 향수 만들기 등 아이와 함께 새로운 걸 배우며 자유의 욕구를 채우기도 하지요. 함께 산을 다니거나 여행을 다니며 아이를 키우는 부모도 있습니다.

자유의 욕구가 강한 부모는 '아이 때문에 내가 하고 싶은 걸 못 한다.'라고 생각할 때 점차 부모도 아이도 서로에게 상처가 될 수 있다는 사실을 유의해야 합니다.

즐거움의 욕구가 강한 부모 이런 유형의 부모는 즐거움을 추구하고 호기심도 많습니다. 좋은 사람과 함께 모여 이야기 나누기를 즐기고, 흥미롭고 새로운 것을 배우고, 독서의 즐거움을 만끽하고, 여행을 떠나는 것을 좋아합니다. 그래서 아이에게도 충분히 놀게 하고 새로운 즐거움을 찾아 주려 애를 쓰지요.

하지만 즐거움의 욕구가 강하다 보니 아이가 조금만 즐거워 보이지 않아도 예민하게 반응하기 쉽습니다. 그리고 정서적 즐거움이 인지적 즐거움으로 점차 변화해 가야 한다는 사실을 부모가 알지 못한다면, 아이의 학습을 꾸준히 도와주지 못해 학년이 높아질수록 아이가 힘겨워하게 될 가능성이 큽니다. 또 지금 당장의 즐거움을 위해 아이가 오늘 꼭 해야 하는 과제나 책임을 내일로 미루는 것을 너무 쉽게 허용하는 경향이 있다는 사실도 염두에 두어야 합니다.

힘과 성취의 욕구가 강한 부모 이런 유형의 부모는 자기 삶에서 크고 작은 목표들을 세우고 이를 이루기 위해 열심히 노력합니다. 옳고 그름에 대한 판단도 명확하고 자기표현이 분명하지요. 그런데 이 욕구가 아이에게도 똑같이 요구되면 문제가 발생합니다. 부모는 아이도 자기 할 일을 잘하고 뭔가를 이루어 내기를 간절히 바라게 되지요. 아이가 성취를 위해 노력하는 모습을 보이지 않으면 도무지 이해가 안 되고 화가 나기도 합니다. 그래서 아이 마음은 힘들고, 부모는 부모대로 목표 의식 없이 흐트러져 있는 아이를 보며 답답하고 이러다 아이가 무엇 하나 제대로 해내지 못할까 봐 걱정이 커집니다.

부모와 자녀는 당연히 타고난 욕구 강도가 다릅니다. 그런데 이 다름을 이해하지 못한다면, 부모는 아이를 자신의 욕구에 맞추어 키우려 하고 그런 욕구에 따라 주지 못하면 아이를 혼내는 방식으로 육아를 하게 될 위험이 높습니다. 힘과 성취의 욕구가 강한 부모는 자유의 욕구나 사랑과 소속의 욕구, 즐거움의 욕구가 강한 아이를 외롭고 슬프게 할 수 있습니다. 사랑과 소속의 욕구가 강한 부모는 힘과 성취의 욕구가 높아 방문을 닫고 공부에만 몰두하는 아이를 보며 서운한 마음이 들기도 합니다. 자유의 욕구가 강한 부모는 선생님 말씀을 꼭 지켜야 한다며 고지식하게 구는 아이가 답답하기만 하고, 즐거움의 욕구가 강한 부모는 시험에서 100점을 받지 못했다고 울고 불며 속상해하는 아이의 마음이 잘 이해되지 않습니다.

만약 부모가 자신의 욕구에만 초점을 두고 아이를 키운다면 아이에게 어떤 영향을 주게 될까요? 자신의 타고난 특성을 존중받지 못하고 계속 잘못되었다는 메시지를 받고 고치라고 강요받는다면, 아이는 스스로를 존중할 수 있을까요? 자신의 특성을 부모도 인정해 주지 않았는데, 친구들과의 관계에서 자신 있고 당당한 모습으로 건강한 사회성을 발달시킬 수 있을까요? 따라서 부모는 자신의 욕구에 따라 아이에게 강요하거나 지나치게 허용하지는 않았는지 스스로를 점검해 보는 시간이 필요합니다.

부모의 자존감: 양육 스트레스에 영향을 줍니다

아이를 키우는 것은 새로운 행복을 얻는 원천이 되지만, 동시에 엄청난 책임과 자원이 요구되는 만큼 양육자에게 스트레스를 유발하기도 합니다. 양육 스트레스에는 양육 과정에서 발생하는 신체적 피로, 양육에 대한 부담감, 죄책감, 정신적 피로감이 모두 포함됩니다. 혼자서 육아를 도맡아 하거나 경제적 부담이 있거나 혹은 맞벌이 부부로 아이를 양육하느라 힘이 부치는 상황에서는 양육 스트레스가 더욱 크게 다가오기도 합니다.

학자들은 부모의 양육 스트레스가 양육의 질을 결정짓는 중요한 요소라고 강조합니다. 실제로 많은 연구에서 양육 스트레스가 높은 부모의 자녀일수록 정서 및 행동 문제를 보일 가능성이 높으며, 인지 발달에도 어려움을 겪을 수 있고, 사회적 기술을 습득하는 데도 보통의 아이들보다 시간이 더 오래 걸린다고 밝히고 있습니다.

그래서 우리가 초점을 두어야 할 부분은 '어떻게 하면 양육 스트레스를 적게 받을 수 있는가' 하는 문제이지요. 그런데 아주 중요한 사실이 있습니다. 양육 스트레스가 낮은 경우들을 살펴보니, 주양육자의 자존감이 높았다는 것입니다. 부모의 자존감이 높으면 양육 스트레스가 비교적 낮고 긍정적인 양육 태도를 더 많이 보이는 것으로 밝혀졌습니다. 뿐만 아니라 자존감이 높은 부모를 둔 아이들일수록 정서적으로 안정된 모습을 보이고 사회적 능력이 우수하며, 집중력도 높다는 연구 결과가 있습니다.

부모의 자존감이 높으면 아이를 키우는 과정에서 스트레스를 많이 받는다 해도 이에 대응할 수 있는 심리적 자원이 든든하게 갖춰져 있어 스트레스의 영향을 최소화할 수 있습니다. 또한 온갖 심리적 어려움으로부터 스스로를 잘 보호하고, 자신의 정서를 잘 조절하며 스트레스 상황에 좀 더 유연하게 대응할 수 있습니다. 그래서 부정적인 상황이나 감정에 쉽게 휘둘리지 않고 긍정적인 양육 태도를 꾸준히 보여줄 수 있어요. 또한 자신을 존중하는 만큼 아이의 기질적 특성도 존중하는 육아를 할 수 있습니다. 유아교육학자 유칠선과 동료들의 연구에 의하면 아이의 기질이나 발달 특성보다 부모의 자존감이 양육 스트레스에 더 큰 영향을 준다고 언급하고 있습니다.

어떤가요? 부모인 나는 자존감이 높은 사람인가요? 다음은 25년간 부모 상담을 하면서 많은 분들이 보이는 부모 자존감의 정도를 관찰하며 만든 체크리스트입니다. 다음의 문장에 답하며 스스로의 자존감을 점검해 보시기 바랍니다.

— 나의 감정을 돌보고 조절할 수 있습니다.
— 아이에게 실수하고 화를 내도 다시 마음을 추스르고 사과한 뒤, 다음번에는 화내지 않는 방법을 찾을 수 있습니다.
— 화가 나도 마음을 추스르고 무섭지 않게 차근차근 말로 설명하여 아이가 배우고 깨닫도록 이끌 수 있습니다.
— 나의 하루를 재미있고 의미 있게 꾸려 갈 수 있습니다.
— 속상하고 좌절하는 일이 생기면 잠시 슬프고 막막하지만, 곧 회복할 수 있습니다.
— 내가 잘하는 것에 스스로를 칭찬할 줄 압니다.

- 무엇보다 나 자신을 좋아하고 아끼며 돌볼 줄 압니다.
- 어제보다 오늘 조금 더 발전하는 모습으로 살아가려 애를 씁니다.
- 돈을 많이 들이지 않아도 아이를 잘 키우는 방법이 얼마든지 있다고 생각합니다.
- 주변 육아 정보에 휘둘리지 않고 아이의 기질에 잘 맞는 육아법을 찾아 갑니다.

최소한 절반 이상의 질문에 '그렇다'라고 답할 수 있다면 안정적인 자존감을 가졌다고 볼 수 있습니다. 만약 그렇지 못하고 자존감이 많이 부족하다고 생각된다면, 자신이 부모로부터 받은 훈육을 떠올려 보는 시간이 필요합니다. 부모님 세대는 자식에 대한 사랑을 부정적인 언어로 강렬하게 표현하는 경향이 있었습니다. 아마도 그런 비난의 말들이 고스란히 내면의 언어가 되어 어느새 자신을 생각하는 기준이 되어 버렸을 것입니다.

'부정적 자동적 사고'라 부르는 이 현상은 생각보다 자존감에 매우 큰 영향을 줍니다. 작은 실수에도 스스로를 부정적으로 규정하게 되지요. 아이를 잘 챙기지 못했다고 자신을 무능한 부모로 생각하거나, 아이와 조금만 갈등이 생겨도 사람들은 나를 좋아하지 않는다고 생각하게 됩니다.

이제 그렇게 자신을 부정적으로 생각하는 말들을 하나씩 따지고 짚어 보며 그렇지 않다는 생각으로 바꾸어 가야 합니다. 그런데 이런 부정적인 생각들은 뿌리가 워낙 깊은 탓에 바꾸기가 결코 쉽지 않습니다. 이럴 때 단순하지만 아주 강력한 방법이 있습니다.

> **부모의 자존감을 높이는 방법**
> * 내 마음에 드는 나의 장점 찾기
> * 나만의 육아 강점 찾기
> * 오늘 내가 아이에게 잘한 점 세 가지 찾기

객관적으로 잘하고 못하고의 문제가 아닙니다. 신체, 기질, 성격, 능력, 취미 등 자신의 다양한 특성 중에서 마음에 드는 점을 찾아 보세요. 제가 한번 예를 들어 볼게요.

잘 웃는다, 감기에 잘 안 걸린다, 누구에게나 친절한 성격이다, 힘든 일이 생겨도 어떻게든 방법을 찾는다, 급할 땐 빠릿빠릿 잘 움직인다, 싫어도 약속은 꼭 지키려 노력한다.

아마 처음에는 자존감이 낮은 상태이기 때문에 두세 개 찾기도 어려울 수 있습니다. 일주일에 한 번만이라도 내 마음에 드는 나의 장점을 생각해 보는 시간을 가진다면 신기하게도 정말 많이 찾을 수 있게 될 거예요. 그렇게 서서히 자신에 대한 생각을 바꿔 가며 자존감을 높일 수 있습니다.

이번에는 자신의 육아 강점을 찾아 보세요. 아이의 의식주를 챙겨 주는 일 외에 즐겁게 놀아 주기, 책 읽어 주기, 대화하기, 공감하기, 함께 웃기, 함께 공부하기 등 다양한 면면 중에 자신의 육아 강점은 무엇인가요?

다음은 제가 상담소를 찾는 부모님들에게 꼭 날마다 하기를 권하는 방법입니다. 오늘 내가 부모로서 잘한 점 세 가지를 찾아 노트에 기록해 보세요. 기록이 쌓일수록 '이 정도면 괜찮아. 충분해. 나도 잘하고 있어.'라는 마음이 점점 더 강하게 들면서 자신의 부모 역할에 대한 부정적인 인식에서 벗어날 수 있습니다.

부모로서 잘한 점이라고 해서 대단한 역할을 말하는 게 아닙니다. 아침에 아이를 깨울 때 다정하게 부르고 마사지를 해 준 것, 아이가 좋아하는 아침 식사를 준비해 준 것, 하원하는 아이를 웃으며 안아 주고 반갑게 맞이한 것, 아이가 좋아하는 보드게임을 함께 한 것, 이런 정도면 충분합니다.

사실 자신에 대해 평가할 때는 장점보다 단점이 더 많이 보이기 마련입니다. 하지만 단점에 초점을 둘수록 부모의 자존감은 낮아질 수밖에 없고 양육 스트레스는 더욱 커져서 부모 역할에 빨간불이 들어오게 되지요. 일상 곳곳에서 자신의 강점을 찾아 자존감을 높일수록 양육 스트레스를 덜 받고 더 긍정적인 부모 역할을 할 수 있다는 사실을 꼭 기억하시기 바랍니다.

육아 신념: 아이에 대한 부정적 생각을 건설적 생각으로 바꿉니다

아무리 잔소리를 하고 훈육을 해도, 아이는 잠시 듣는 척만 할 뿐 행동은 달라지지 않는다고 많은 부모들이 하소연합니다. 이런 악순환의 원인은 바로 '아이는 이렇게 키워야 한다'는 부모의 굳건한 양육 신념 때문입니다. 양육 신념은 아이의 모든 것을 판단하는 근거가 되고 대화와 소통의 기준이 됩니다. 따라서 나 자신이 어떤 양육 신념을 가졌는지 깨닫지 못한다면, 원인은 알지 못한 채 부모도 아이도 힘겨워지기만 합니다. 결국 자신의 양육 신념이 무엇인지 확인하고, 혹시 비합리적인 양육 신념으로 자신도 아이도 괴로운 상황이라면 그 신념을 올바른 방향으로 바꾸어 가는 것이 매우 중요합니다.

우선, 수많은 양육 신념 가운데 부모들의 관심이 지대하고 많은 학자들도 중요하게 언급하는 양육 신념에 대해 살펴보겠습니다.

인성을 강조하는 유형	• 학업이나 사회적 성공보다 자녀의 흥미와 경험을 존중함. • 결과보다는 과정을 중요시하는 신념. • 공부를 좀 못하더라도 자녀가 행복하게 지내는 것을 더 중요하게 생각함.
지적 성취를 강조하는 유형	• 지식 중심의 학업 성취를 중요시함. • 사회에서 요구되는 성취나 결과를 중요시하는 신념. • 사회에서는 성적으로 평가하기에 무엇보다 공부를 잘해야 한다고 생각함.

여러분의 양육 신념은 두 가지 유형 중 어느 쪽에 더 가깝나요? 위의 두 가지 양육 신념 중에 보다 합리적이고 바람직한 유형이 무엇인지 궁금하다면 아래에 제시한 여러 국내 연구 결과들을 살펴보며 자신의 양육 신념을 점검해 보길 바랍니다.

— 부모가 자녀에게 인성보다 지적 성취를 강조하는 신념을 가질수록 유아의 적대감과 공격성이 높아지는 것으로 나타났다.
— 아동이 지각한 부모의 지적 성취 신념이 강할수록 아동의 행동 공격성, 적대감, 분노감이 모두 높은 것으로 나타났다.
— 부모가 인성을 강조하는 양육 신념을 가질 때, 유아의 생활 만족도는 높고 우울 정도는 낮은 것으로 드러났다.
— 지적 성취를 강조하는 양육 신념을 가질수록 부모들이 심리적으로 부담을 느끼거나 자신감을 상실한다.
— 부모가 지적 성취를 강조하는 신념을 가지고 양육하는 유아들에 비해 부모가 인성을 강조하는 신념을 가지고 양육하는 유아들이 보다 긍정적인 자아개념을 가지고 있는 것으로 나타났다.

연구 결과들이 하나의 방향으로 수렴되고 있는 것이 보이나요? 그런데 유의해야 할 점이 있습니다. 인성을 강조하는 양육 신념만 중요하고 지적인 성장은 간과해도 된다고 오해해서는 안 됩니다. '지적 성취'와 '지적 성장'은 다릅니다. 아이의 인지적 능력은 당연히 잘 성장해야 합니다. 다만 또래보다 공부를 잘하고 많은 지식을 쌓는 것에만 초점을 맞춘 지적 성취 중심의 양육 신념으로 치우치는 것은 경계해야 한다는 의미입니다.

어느 부모든 자신은 당연히 아이의 성장에 도움이 되는 양육 신념을 가졌다고 믿고 있습니다. 그래서 아이가 짜증을 내고 의욕을 잃어 가거나 저항하는 모습을 보이는데도 부모는 자신의 양육 신념을 끝까지 강요하는 경우가 너무 많습니다. 따라서 부모가 어떤 양육 신념을 가졌는지가 굉장히 중요합니다. 다행히도 부모가 건강한 양육 신념을 가지고 따뜻하게 아이의 마음을 돌보고 단단하게 경계를 세워 해야 할 일과 하지 말아야 할 일을 구분해 준다면 아이의 문제 행동은 줄어듭니다. 하지만 부정적인 양육 신념을 바탕으로 은연중에 아이를 평가하고 조바심을 낸다면, 없던 문제도 생길 수 있습니다.

이번에는 부모가 가진 부정적인 양육 신념을 긍정적으로 바꾸어 보는 연습을 해 보겠습니다.

왜 아무리 말해도 안 듣는 거야?

이 말에는 '내가 어떤 말을 하든 아이는 무조건 내 말을 들어야 해.'라는 잘못된 신념이 숨어 있습니다. 이런 식으로 평소 아이에 대해 자주 하는 부정적인 말이나 생각을 돌이켜보고 거기에 숨은 부정적인 양육 신념은 없는지 점검해 보세요. 부정적인 양육 신념을 찾았다면, 이제 새로운 궁금증을 가질 차례입니다.

'어떻게 말하면 아이의 행동이 달라질까?'라고 마음속으로 질문을 던져 보세요. 이 질문은 앞서 파악한 부정적인 양육 신념을 대체할 새로운 양육 신념을 찾기 위한 과정입니다. 질문에 대한 답을 고민하다 보면 이런 생각에 이르게 됩니다. '부모의 말에 따라 아이의 행동이 달라져. 그러니 아이에게 말할 땐 '하지 마.' 대신 '이렇게 해.'라고 명확히 전달해야지.'

이렇게 새로운 관점으로 부정적인 양육 신념을 하나씩 바꾸어 갈 수 있습니다. 다음은 아이를 키울 때 부모들이 흔히 하는 생각들입니다. 이를 바탕으로 부정적 양육 신념 점검하기, 궁금증 갖기, 새로운 양육 신념 찾기의 과정을 진행해 보세요.

왜 이렇게 실수가 많지?

이러다 나중에 제대로 하는 게 하나도 없는 거 아냐?

부정적 양육 신념 지금부터 제대로 하지 못하면 우리 아이는 나중에도 실패한 인생을 살 거야.

궁금증 아이의 실수가 약이 되는 방법은 무엇일까?

새로운 양육 신념 실수와 실패는 아이를 성장하게 해. 지금 수준에서 한 걸음 더 발전하는 방법이 있을 거야.

왜 이렇게 유치원에 가기 싫다고 떼를 쓰지?
이러다 나중에는 학교도 안 간다고 할 거야.

부정적 양육 신념 싫다는 걸 허용하면, 뭐든 싫으면 포기하는 나쁜 습관이 생길 거야.

궁금증 잘 다니던 유치원을 왜 가기 싫다고 하는 걸까?

새로운 양육 신념 싫다고 할 때에는 항상 이유가 있어. 그 이유를 알아보고 도와주면 잘 다닐 거야.

왜 이렇게 동생을 못살게 굴지?
이러다 유치원에서 친구들과 문제가 생기는 게 아닐까?

부정적 양육 신념 동생한테 하는 행동을 친구들에게도 할 거야.

궁금증 친구들과는 문제가 없는데 왜 동생에겐 공격적인 행동을 할까?

새로운 양육 신념 유독 동생에게만 심술부리는 건 엄마 아빠가 동생만 좋아한다고 오해하기 때문일 수 있어. 큰아이가 느낄 수 있는 특별한 사랑이 필요해.

이렇게 문득 떠오르는 아이에 대한 부정적인 생각들은 부모의 부정적인 양육 신념에서 비롯됐음을 인정하는 연습이 필요합니다. 이제 긍정적이고 합리적인 양육 신념, 더 나아가 우리 아이의 잠재력을 키워 자기다운 독창적인 사람으로 클 수 있도록 돕는 양육 신념을 만들어가면 좋겠습니다.

엄마 아빠를 위한 그림책 심리독서

엄마의 마음을 돌보는 그림책 심리독서

안정적인 육아를 위해 엄마의 마음을 먼저 돌보는 일은 무엇보다도 중요합니다. 엄마를 위한 그림책 심리독서를 먼저 시작해 보겠습니다. 엄마 역할이 힘겹게 느껴진다면 분명 이유가 있을 거예요. 엄마에게만 육아 역할을 전담시키면 안 된다는 평등 육아의 관점이 강해지고 있지만, 엄마에게 전지전능한 보살핌을 요구하는 암묵적 압박은 완전히 해소되지 않았습니다. 나름 열심히 아이를 키웠지만 여전히 부족하다고 여겨지는 건 엄마도 자기 자신을 그런 관점으로 보고 있기 때문일 수 있어요. 그러지 않아도 됩니다. 나는 그냥 나다운 엄마 역할을 하면 돼요.

마음의 부담을 내려놓고 그저 시간의 흐름 속에서 '나'와 '엄마'라는 존재에 대해 찬찬히 생각해 보는 것도 좋겠습니다. 『나의 엄마』(강경수 글·그림, 그림책공작소, 2016년)를 혼자 조용히 읽어 보세요.

아기가 엄마를 보며 '맘마'를 외칩니다.
그러다 어느새 아장아장 걸으며 엄마를 부
르기 시작합니다. 배가 고파도, 화가 나도,
슬퍼도, 기뻐도 엄마를 부르지요. 하루 종
일, 모든 상황에서 '엄마, 엄마'를 부르고
외치는 아이. 이 책은 아기가 자라 성인이
될 때까지 온갖 상황에서 엄마를 외치거나 찾는 상황들을 보여 줍니
다. 그런데 엄마를 외치기만 했던 그 아이가 훌쩍 크고 결혼을 하고 아
이를 낳아 어느덧 '엄마'라는 소리를 듣게 됩니다. 처음에는 '나와 내
아이'라는 시각에서 읽기 시작했는데, 알고 보니 그 아이가 바로 나였
던 것이지요.

엄마와 딸의 관계와 삶의 순환을 잘 보여 주는 이 그림책은 '맘마'
와 '엄마'라는 단어로만 이루어져 있을 뿐인데, 나도 모르게 상황에 딱
맞는 톤의 '엄마'라는 소리가 저절로 터져 나옵니다. 울컥하는 마음
도 함께 올라오지요. 나는 자라면서 몇 번이나 '엄마'를 부르고 외쳤을
까요? '엄마!'부터 시작해 '엄마는, 엄마도, 엄마를, 엄마만, 엄마 때문
에……'라며 말한 과거의 장면들과 나를 소중히 아끼고 돌봐 준 엄마
의 사랑이 떠올라 마음을 그득 채우고 눈물이 되어 흐릅니다. 큰 사랑
과 돌봄을 받았던 과거의 나를 확인하면서, 막연하지만 나의 아이에게
좀 더 좋은 엄마가 되어 주고 싶은 마음도 올라옵니다. 혼자 조용히 이
렇게 말해 보세요.

─── 난 엄마를 참 많이 힘들게 했네.

─── 우리 엄마는 나를 참 많이 사랑하셨네.

─── 그런 사랑을 받지 않았다면 지금의 나는 어떤 모습일까?

『나의 엄마』가 보여 주는 엄마와 나와 내 아이의 모습을 보며, 엄마가 된 나를 좀 더 소중히 돌보아야겠다는 다짐도 해 볼 수 있습니다.

한편, 우리 엄마는 나에게 그림책에서와 같은 다정하고 따뜻한 사랑을 주지 않았다고 원망스러운 마음이 들 수도 있겠지요. 그럴 땐 이런 질문을 던져 보세요.

─── 우리 엄마는 왜 다른 엄마들처럼 나에게 해 주지 않았지?

─── 일부러 그랬을까?

─── 아마도 어쩔 수 없었겠지. 엄마의 삶이 너무 힘들었으니까.

어쩌면 나보다 더 힘들고 팍팍한 세월 속에서 다정하지 못할 수밖에 없었던 이유가 있었을 것 같습니다.

오늘 하루는 어땠나요? 너무 지치고 피곤해 진이 다 빠진 상태인가요? 이럴 땐 이상하게 나의 삶이 어디로 가고 있는지 막막해지곤 합니다. 그런 마음이 든다면, 잠시 멈추고 내가 걸어가고 있는 길이 어떤 길인지 돌아보는 시간이 필요합니다. 생각이 복잡해지고 왠지 내가 바라는 삶과 다른 모습으로 살아가고 있다는
생각이 든다면, 『두 갈래 길』(라울 리에토 구
리디 글·그림, 지연리 옮김, 살림출판사, 2019년)
의 책장을 펼쳐 보세요.

　인정하기 싫은 마음도 들지만 사실 지금
내가 서 있는 길은 결국 내가 선택한 길입
니다. 우리는 자신의 인생에 꽃길만 펼쳐
지길, 굴곡 없이 좋은 일만 가득하길 바라
지요. 물론 불가능한 일이기도 하지만, 삶이 그런 모습으로만 채워진
다면 마냥 좋은 일은 아닐 겁니다. 오히려 모든 게 당연해져서 재미도
못 느끼고 의미도 찾기 어렵고, 어떤 일을 고민하고 갈등을 해결하고
어려움을 견딘 끝에 이뤄 낸 성취감이 무엇인지 알지 못한 채 살아가
게 되지 않을까요?

　여전히 엄마로 살아가는 나의 길이 막막하게 느껴지고 마음에 들지
않는다면, 이 책을 읽으며 천천히 생각해 보세요.

인생은 길과 같아.

길 위에는 신기한 것도 많고, 두려운 것도 많지. (……)

밤처럼 온통 캄캄할 때도 많지만

뜻밖의 재미있는 일들도 많아. (……)

이 모든 길들이

너를 새로운 곳으로 데려다줄 거야.

한 문장씩 읽다 보면 저절로 이런 의문이 듭니다.

—— 나의 길은 나를 어디로 데려다줄까?
—— 그 길은 누가 만든 길일까?
—— 나는 내 아이와 어떤 길을 만들어 갈까?

생각이 꼬리를 물며 언덕 너머에 어떤 장면이 펼쳐질지 두려움보다는 약간의 기대와 설렘을 갖게 합니다. 나와 우리 아이가 걸어가고 있는 이 길을 어떤 길로 만들고 싶은가요? 혹시 예상치 않은 일이 생겼을 때 아등바등 서로를 원망하고 상처 주고 싶은가요? 아니면 길이 위태로워질 때 서로의 손을 잡고 격려하며 함께 헤쳐 가고 싶은가요? 아마 길 위에 서 있는 우리의 마음가짐과 말과 행동에 따라 새로운 길이 펼쳐질 거라는 건 너무 잘 알고 있습니다.

뜻밖의 재미있는 일들이 우연히 찾아오기도 하겠지만, 당당하게 자신의 길을 스스로 만들어 가면 어떨까요? 지금부터 엄마로서의 나의 길을 '사랑과 격려, 호기심과 재미, 뿌듯함과 기쁨'이 더 많아지는 길로 만들어 가리라 작은 다짐을 해 보면 좋겠습니다.

아이를 키우다 보면 시간이 어찌 흘러가는지 모르겠습니다. 아이랑

힘겨루기를 한 판 하고 종일 씨름하다 보
면 더욱 그렇지요. 그러다 보면 가끔 아이
가 미워질 때가 있습니다. 그래서 엄마는
더욱 괴로워지지요. 아이가 하자는 대로
해 주고 나면 이래도 되나 싶어서 불안과
스트레스가 쌓이고, "안 돼, 하지마. 얼른!"

하고 혼내고 나면 미안함과 죄책감에 휩싸이는 게 바로 엄마입니다.
이렇게 엄마 마음이 힘들어질 때는 『너는 기적이야』(최숙희 글·그림, 책
읽는곰, 2010년)를 읽어 보세요.

네가 내게 왔다는 것, 그건 기적이었어. (……)

봄볕처럼 화사한 네 웃음, 그건 행복이었어. (……)

보석보다 빛나던 너의 첫 이, 그건 세상 무엇보다 눈부셨어.

아이가 태어나서 첫걸음을 걷고 하얀 이가 나고 처음 엄마를 부르던
그 모든 순간은 기적입니다. 이 책은 신기한 기적이었던 아이의 모든
순간을 다시 기억할 수 있도록 도와줍니다. 오늘 우리 아이는 어떤 기
적 같은 모습을 보여 주었나요? 아이가 보여 주는 모든 것이 기적임을
부모들이 순간순간 망각한다는 사실이 너무 안타깝습니다. 아이를 키
우느라 몸도 마음도 지치고 우울해질 때 꼭 이 책을 다시 꺼내 보세요.
엄마로 살아가는 순간이 참 의미가 있고 소중하다고 다시 느껴질 거

예요. 참, 아이와 함께 이 모든 기적을 만들고 있는 존재가 바로 나 자신임을 꼭 기억해 주세요. 날마다, 순간마다 기적을 행하는 존재는 바로 엄마입니다.

아빠의 마음을 돌보는 그림책 심리독서

어느 순간 아빠 역할을 하려니 쉽지 않지요? 세상은 변하고 있다지만, 여전히 가장의 책임에 따르는 부담감도, 아이와 잘 놀아 주고 챙겨 주는 좋은 아빠 역할에 대한 압박감도 만만치 않을 거예요. 그렇다면 아빠라는 존재에 대해 먼저 생각을 정리해 보아야겠습니다. 머릿속에 맴도는 생각들을 정리해야 할 때 그림책은 정말 귀한 역할을 해 주는 것 같아요. 『나의 작은 아빠』(다비드 칼리 글, 장 줄리앙 그림, 윤경희 옮김, 봄볕, 2023년)를 읽어 보세요.

내가 조그마했을 때 우리 아빠는 커다랬어요.

나는 자라났고 우리는 몇 년 동안 키가 똑같았지요.

그런데 요즘 이상한 일이 생겼어요.

아빠가 작아지고 있는 거예요.

'내가 조그마했을 때'라는 대목을 읽는 순간 아이였던 나를 떠올리게 되고, 아빠와 키가 똑같은 장면에서는 나와 아빠가 키 대기를 했던 순간의 기억이 떠오릅니다. 그러다 어느 순간 작아지기 시작하는 아빠의 이야기가 나오는 대목에서는 가슴이 먹먹해집니다. 크게만 느껴졌던 아빠가 점점 기억을 잃고 어린아이처럼 행동하며 작아진 것이지요. 이제 역할이 바뀝니다. 아빠는 나의 이야기를 듣고 재미있어 하고 나를 보는 걸 좋아합니다. 나의 이름을 기억조차 하지 못하게 되었지만, 이제 나는 아빠를 무릎에 앉히고 자장가를 불러 주지요.

이 책은 시간의 흐름 속에서 아빠와 커 가는 아이의 모습, 그 둘의 관계가 역전되어 어느새 아들이 아빠를 아이처럼 따뜻하게 돌보는 모습을 담담하게 묘사하고 있습니다. 저절로 나와 나의 아빠, 그리고 나의 아이를 돌아보며 생각하게 됩니다. 작아진 아빠가 자주 아들을 바라보며 미소 짓는 것은 아마도 부족하다고 생각했던 자신의 사랑을 현실의 짐을 내려놓은 다음에야 아들에게 보여 주는 게 아닐까요? 어릴 적 받았던 아낌없는 사랑을 작아진 아빠와 다시 나누는 모습을 보며, 나 자신도 그런 사랑을 받고 싶고 주고 싶다는 마음이 피어오릅니다.

슬픈 이야기가 독자들을 미소 짓게 만드는 이유는 주인공이 받은 아빠의 사랑과 작아진 아빠를 돌보는 모습에서 '아들이자 아빠'로 살아가는 우리의 모습을 볼 수 있기 때문인 것 같습니다. 그런데 작아진 아빠는 어떤 삶을 살았을까요? 그리고 아빠가 된 나는 또 어떤 삶을 살고 있을까요? 내 아버지와 나의 이야기도 한번 써 보면 좋겠습니다.

그래도 오늘 하루 아빠 역할이 힘들다면, 지금의 현실이 처절하기 때문일 수 있어요. 지금 아빠의 삶이 『가드를 올리고』(고정순 글·그림, 만만한 책방, 2017년)의 주인공과 비슷할 것 같습니다.

산을 오른다.
처음에는 단박에 오를 것 같았지.
생각처럼 쉽지 않네.
좁은 길을 지나 골짜기를 넘어
커다란 바위를 만났어. 퍽!

빨간 주먹 선수와 검은 주먹 선수의 권투 경기입니다. 검은 주먹 선수의 거친 공격에 쓰러진 빨간 주먹 선수가 공격을 막아 보려 가드를 올립니다. 과연 잘 막아 내고 다시 공격을 가해 승리의 주먹을 올릴 수 있을까요? "퍽! 퍼버벅!" 경기 장면을 극적으로 묘사한 그림 덕분에 싸움의 치열함이 생생하게 전달됩니다. 빨간 주먹 선수가 중심을 잃고 쓰러지고 다시 일어나고 또 속수무책으로 당하고 있습니다. 좌절의 순간에도 자신을 방어하기 위해 가드를 올리는 모습이 냉혹한 현실에서 살아남으려 애쓰는 '아빠가 된 나'의 모습으로 다가옵니다. 그런데 중요한 것은 '얼마나 쓰러졌는가'가 아닙니다. 나는 '어떻게 일어섰는가'

를 생각해 보세요.

아빠는 왜 이렇게 다시 일어서려 애를 쓸까요? 나와 가족, 그리고 아이를 위해 스스로 가드를 올릴 수 있는 힘이 있기 때문입니다. 그 힘의 원천이 나의 아버지, 그 아버지로부터 이어져 오고 있기 때문에 우리는 다시 힘을 내어 오늘 하루를 살아가고 있지 않을까요? 이렇게 애쓰는 자신을 기특하다며 토닥토닥 칭찬해 주면 좋겠습니다.

그림책에서 배우는 부모의 지혜

아이는 누구나 엄마 아빠의 결혼 이야기를 궁금해합니다. 왜냐고요? 아이는 자신이 어떻게 태어났는지, 그 시작을 확인하고 싶어 하니까요. 거기서부터 '나'라는 존재에 의미를 부여할 수 있습니다. 부모라는 존재의 의미도 그 시점에서부터 시작해 볼 수 있지요. 부모 역할을 어떻게 해야 할지 답답하고 막막한 상황이라면 『엄마 아빠 결혼 이야기』(윤지회 글·그림, 사계절, 2016년)를 읽어 보세요.

좋아하는 친구와 결혼하겠다는 아이, 아이가 이런 말을 할 때 엄마는 아들에게, 아빠는 딸에게 충격과 배신감을 느끼기도 합니다. 하지만 발달적으로는 무척 반가운 일이지요. 아이가 '결혼이란 서로 좋아하는 사람들끼리 하는 것'이란 사실을 부모를 보며 깨달았기 때문이고, 부모에게서 받은 안정감을 발판으로 이제 세상으로 한 발짝 나아가려 한다는 의미이니까요. 참 잘 자라고 있다는 증거이지요.

『엄마 아빠 결혼 이야기』는 엄마 아빠가 서로를 좋아해서 결혼하기까지의 과정을 사진 앨범을 보면서 아이에게 이야기해 주는 내용을 담고 있습니다. 사랑을 고백하고, 웨딩드레스를 고르고, 결혼식에서 사랑의 서약을 하는 모습도 나옵니다.

처음 사랑을 기억하며 흔들리지 않는 마음으로 당신을 언제나 사랑하겠습니다.

지금 이 마음처럼 하루하루 더 감사하며 당신을 언제나 사랑하겠습니다.

아이에게는 자신이 이렇게 사랑으로 시작했음을 아는 것이 무척 중요합니다. 그래야 자신이 소중하고 사랑받는 존재임을 인식할 수 있지요. 결혼하지 않고 아이가 태어난 경우에도, 부모 중 한 명이 세상을 떠났거나 이혼한 경우에도, 또는 엄마나 아빠가 함께 살지 못하는 경우에도 아이에게 꼭 이런 이야기를 들려주세요. 아이의 탄생의 시작은 엄마 아빠의 사랑이었고, 현재 엄마나 아빠가 같이 살지 않아도 부모가 아이를 사랑하는 마음은 처음과 지금이 똑같다는 것을 알려 주어야 합니다. 그래야 아이는 사랑으로 태어난 자신을 아끼고 존중하며, 스스로를 돌보는 힘을 가지고 세상 사람들과 함께 살아갈 수 있습니다.

그런데 결혼해서 아이를 낳고 키우는 현실은 결혼 장면만큼 아름답지 않을 수 있습니다. 너무나도 소중한 아이이기에 부모가 아이에게 바라는 게 많아지는 것이 주요 원인이 될 때도 있어요. 부모가 바라는 기준과 기대에 아이가 미치지 못할 때 속상하고 화가 나는 것이지요. 그러니 부모는 자신이 어떤 아이를 바라고 있는지부터 먼저 생각해 봐야 합니다.

『완벽한 아이 팔아요』(미카엘 에스코피에 글, 마티외 모데 그림, 박선주 옮김, 길벗스쿨, 2017년)를 읽어 보세요. 아이를 사고판다는 내용에 선뜻 놀랄 수도 있지만, 책을 읽고 나면 작가가 왜 그런 내용을 썼는지 충분히 이해가 갈 거예요.

뒤프레 부부는 아이 한 명을 사려고 마트에 갑니다. 다양한 아이가 진열되어 있어요. 음악을 잘하는 아이, 천재, 쌍둥이 등 훌륭한 아이들 중에서도 부부는 완벽한 아이, 바티스트를 샀습니다. 공부 잘하고 얌전하고 밥투정도 안 하고 부모님 말씀 잘 듣고 잠도 일찍 자는 그야말로 완벽한 아이입니다. 하지만 바티스트도 항상 완벽하긴 어려웠는지 조금 짜증을 내지요. 그러자 부부는 마트를 다시 찾아가고, 직원은 아이를 수리하겠느냐고 질문합니다.

이런 상황에서 어떻게 하고 싶은가요? 바티스트가 어떤 아이로 변하기를 바라나요? 이 책을 읽은 여섯 살 아이가 이렇게 말했습니다.

부모도 완벽하지 않잖아요. 우리 엄마는 잔소리쟁이고 아빠는 맨날 잠만 자는 잠꾸러기고 난 장난꾸러기, 하하! 그래도 난 우리 엄마 아빠 사랑해요. 우리 엄마 아빠도 날 사랑하고요. 그러니까 아이를 수리하는 건 말도 안 돼요!

어쩌면 이런 모습이 완벽한 가족 아닐까요? 아이도 아는 진리를 우리는 지나친 기대 때문에 깜빡 잊어버리는 것 같습니다. 내가 아이 때문에 힘든 건 잘못된 기대와 바람 때문은 아니었는지 한번 점검해 보면 좋겠습니다.

그렇다면 부모 역할을 어떻게 해야 할까요? 부모로서 엄마 아빠의 모습을 보여 주는 그림책들은 무척 많습니다. 그중에서 가장 현실적이면서 바람직한 엄마 아빠의 모습을 보여 주는 책이 바로 『피터의 의자』(에즈라 잭 키츠 글·그림, 이진영 옮김, 시공주니어, 1996년)입니다.

피터는 동생 방에서 엄마가 요람을 흔드는 모습을 보며 생각합니다.

저건 내 요람인데, 분홍색으로 칠해 버렸잖아!

아빠가 피터에게 동생의 식탁 의자를 칠하는 것을 도와달라고 합니다.

저건 내 식탁 의자인데.

피터는 어떤 마음일까요? 부모 입장에서는 큰아이가 쓰던 것을 손질해서 동생이 사용하는 게 너무 당연한 일이지요. 하지만 그 과정을 보는 어린 피터의 마음은 얼마나 혼란스럽고 슬플까요? 그래서 피터는 아직 분홍색으로 칠하지 않고 남아 있는 자신의 파란색 의자를 들고 집을 나가기로 마음먹습니다.

어린아이가 가출한다는 설정이 과장이라고 생각되나요? 그렇지 않습니다. 아이가 부모의 사랑을 확인할 수 없을 때, 슬프고 무섭고 외롭게 느껴질 때 집을 나가고 싶다고 생각하는 것은 자연스러운 현상이지요. 피터는 멀리 떠나기 전에 잠시 쉬려고, 챙겨 온 소중한 물건과 파란색 의자를 집 앞에 내려놓습니다. 중요한 건 지금부터의 부모 역할입니다. 집을 나가려는 피터에게 엄마 아빠는 어떤 모습을 보일까요?

엄마는 우선 맛있는 음식으로 피터를 꼬드겨 봅니다. 끄떡하지 않네요. 하지만 엄마는 피터의 마음을 알아차리기 시작합니다. 집을 나갔다가 몰래 돌아온 피터가 민망할까 봐 그 상황을 재미있는 놀이로 승화시키는 센스를 발휘하지요. 피터는 집으로 돌아와 아빠와 함께 파란색 의자를 분홍색 페인트로 칠합니다. 피터의 표정에서 서운함은 사라지고 뿌듯함이 비치기 시작합니다.

이 책을 읽어 주니, 어떤 아이는 자기도 동생에게 주기 싫은 걸 엄마 아빠가 억지로 주라고 해서 슬펐다고 말합니다. 아이가 겪는 모든 과정에서 늘 아이를 만족시킬 순 없겠지요. 그래도 피터의 부모처럼 아이의 행동을 관심과 사랑으로 지켜봐 주고, 아이가 성숙해지는 방향으로 도움을 주면 좋겠습니다.

짧은 그림책을 통해 아이 부모로서, 자식으로서, 사회인으로서, 다양한 내 모습을 돌이켜보고 자존감과 지혜를 충전할 수 있다는 사실이 놀랍지 않나요? 상담소를 찾는 부모님들은 권유를 받아 그림책 독서를 시작하기 전에는 '어른이 무슨 그림책이야. 너무 가벼운 얘기 아니야?'라고 생각했다고 합니다. 하지만 그림책 독서를 실천하면서부터 그림책의 강력한 힘과 매력에 푹 빠져드는 분들이 많습니다. 이야기는 짧지만 그 속에 담긴 의미, 지혜, 재미, 정서적 치유 효과는 깊고 강렬한 것이 바로 그림책이니까요.

그림을 통해 시각적인 잔상이 머릿속에 남으면서 오래도록 감동과 여운을 간직할 수 있는 것도 그림책의 장점이지요. 내용을 잘 선택한다면 부모와 아이가 함께 읽어도 좋습니다. 육아, 가사, 직장 일에 지친 부모들이 간신히 시간을 내어 마음을 돌보는 데 이만한 도구가 있을까요? 이제부터 부모도, 아이도 다양한 그림책으로 마음의 힘을 단단하게 키워 나가면 좋겠습니다.

자존감,
앞으로 나아가게 하는
마음의 힘

평생 아이를 지켜 줄 최고의 유산, 세 가지 자존감 키우기

유아기에 가장 중요한 세 가지 자존감

자존감이 높은 아이의 부모와 대화해 보면, 양육에서 무엇이 중요한지 직감적으로 알고 이를 아이에게 잘 적용했다는 것을 확인할 수 있습니다. 부모의 타고난 기질상 아이에게 공감을 잘하는 것일 수도 있고, 부모가 자신의 부모로부터 잘 양육 받아서 체득한 후천적 요인 때문일 수도 있지요. 기질적으로 공감이 어렵거나 부모에게서 물려받은 것이 없다고 해서 걱정할 필요는 없습니다. 자존감을 키워 주는 방법을 잘 알고 실천한다면, 우리 아이도 얼마든지 자존감 높은 아이로 자랄 수 있답니다.

　학자들은 유아기에 올바르게 형성되어야 할 중요한 자존감 세 가지로, 정서 자존감, 신체 자존감, 인지 자존감을 꼽습니다. 1장에서도 언급했듯이, 자존감은 자기 자신을 어떤 사람으로 인식하는가 하는 자아지각을 바탕으로 합니다. 따라서 아이가 신체, 정서, 인지 면에서 긍정적인 자아지각을 형성하는 것이 중요합니다. 아이는 커 가면서 신체적 모습은 바뀌지만, 자신에 대한 자아상은 쉽게 변하지 않기 때문에 부모는 유아기부터 아이의 자아지각 형성에 관심을 기울여야 합니다. 각 영역별 자아지각에 영향을 주는 요인들을 참고하고, 아이가 긍정적인 자아지각을 형성할 수 있도록 도와주시기 바랍니다.

신체적 자아지각에 영향을 미치는 요인은 아이가 자기 몸에 대해 갖는 개념과 주변의 반응입니다. 미국의 아동발달심리학자 수전 하터는 미취학 시기 유아들이 자신의 신체에 대해 갖는 자아상이 전반적인 자존감을 형성하는 데 있어 매우 중요한 영향을 미친다고 강조합니다. "왜 이렇게 뚱뚱하니? 살찌니까 그만 먹어.", "너무 말랐어. 좀 더 잘 먹어야겠다.", "키가 작구나. 일찍 자고 운동도 많이 해야 해. 그래야 키가 커." 모두 사랑하는 아이가 건강하게 자라길 바라는 마음에 하는 말이지요. 하지만 이런 말이 자주 반복되다 보면, 아이는 부정적인 신체적 자아지각을 형성할 뿐만 아니라, 자신을 못마땅해하며 싫어하게 될 수 있습니다.

아이의 정서적 자아지각에는 주변 사람의 태도가 큰 영향을 미칩니다. 주변 사람에는 부모, 형제자매, 선생님, 친구, 친척이 모두 포함됩니다. 심리학에서는 이들을 '중요한 타인'으로 부르는데, 이들과의 관계 속에서 경험하고 느끼고 생각한 것들이 아이의 정서적 자아지각이 형성되는 데 매우 큰 영향을 줍니다. 유아기에는 특히 주양육자인 부모의 태도가 아이의 정서적 자아지각에 큰 영향을 미칩니다. 어린아이가 "난 못해. 산만해. 잘하는 게 하나도 없어."라는 말을 한다면, 누군가가 아이를 평가한 말이 내면화되어 아이의 정서적 자아지각에 영향을 주었다고 이해해야 합니다. 이 점이 매우 중요합니다.

아이의 인지적 자아지각에 영향을 미치는 것은 아이의 인지 능력에 대한 주변의 평가입니다. 아이는 태어나서 수많은 말을 듣고 자라면서 언어 능력이 발달하기 시작하고, 3~4세가 되면 그림책도 보고 숫자도 배우고 영어 노래도 들으며 다양한 인지 능력을 발달시켜 갑니다. 하지만 이 과정에서 "왜 이렇게 말이 늦지? 똑바로 발음해야지.", "얘는 수학 머리가 없는 것 같아. 공부하는 걸 싫어해."와 같은 말을 듣는다면, 아이는 자신의 학습 능력을 의심하게 되고 부정적인 인지적 자아지각을 형성하게 됩니다.

그럼 이제부터 신체 자존감, 정서 자존감, 인지 자존감에 대해 구체적으로 살펴보도록 하겠습니다.

신체 자존감: 신체 능력과 외모에 주눅 들지 않는 아이

우리 아이는 자신의 얼굴과 몸을 좋아하나요? 못생겼다고, 키가 작다고, 뚱뚱하다고 주눅 들지는 않나요? 신체 자존감은 자신의 몸을 소중히 여기고 아끼는 마음이며, 이는 신체 능력과 외모, 두 가지로 나누어 살펴보아야 합니다.

신체 능력에 대한 자존감의 발달은 아이가 2세 무렵부터 자조 기술을 키워 가면서 시작됩니다. 자조 기술은 밥 먹기, 세수하기, 양치질하기, 옷 입기, 대소변 가리기 등의 과업을 스스로 수행해 내는 능력을 말합니다. 이 과정에서 아이는 자신의 기본적인 신체 능력에 대해 신뢰감을 갖게 되는데, 이는 아이의 신체 자존감을 만드는 중요한 뿌리가 됩니다.

그런데 이 시기 아이들의 신체 능력은 완성도가 부족하고 실수투성이입니다. 아이가 스스로 세수를 했지만, 주변이 물바다가 되거나 옷을 갈아입혀야 할 정도로 흠뻑 젖어 버립니다. 그런데도 세 살배기 아이가 "난 세수 잘해."라고 말한다면 그런 자신감은 어디서 나온 걸까요? 바로 부모와 주변 사람들의 반응입니다. 아이가 실수를 해도 스스로 하려는 태도를 칭찬하고, 혼자서도 세수를 참 잘한다고 칭찬해 준 것이겠지요. 이런 칭찬을 한 다음에 "좀 더 잘하고 싶다면 이렇게 따라 해 봐."라고 말하며 세수하는 시범을 보여 준다면, 아이는 자신의 신체 능력에 만족감을 느끼고 더 잘하겠다는 의욕이 생겨 세수 실력이 부쩍 늘게 됩니다.

숟가락을 들고 스스로 밥을 먹지만 아이는 온통 흘리고 묻히며 주변을 엉망으로 만듭니다. 이때 아이에게 어떻게 반응하시나요?

A의 부모 그것 봐. 다 흘리잖아. 엄마(아빠)가 먹여 줄게. 아!

B의 부모 와, 혼자서 숟가락질도 잘하는구나. 훌륭해. 엄마(아빠)는 이렇게 해 봐야지!

　A와 B 아이는 신체 능력에 대한 자존감을 어떻게 형성하게 될까요? A는 스스로 숟가락질하기를 싫어하고 부모가 계속 먹여 주기를 바라게 될 거예요. B는 자신의 능력에 만족감을 가지고 스스로 먹으려 하며, 좀 더 높은 수준의 기술을 습득하기 위해 엄마 아빠를 따라 하면서 숟가락질을 잘 배우게 되리라고 예상할 수 있습니다. 한마디로 아이의 신체 능력에 대한 자존감은 부모와 중요한 타인의 반응에 의해 형성되기 시작합니다.

　유아기 아이는 아직 신체 활동이 미숙하고 실수도 많지만 반복하다 보면 신체 능력은 자연스럽게 발달합니다. 이 과정에서 부모가 아이의 잘못을 자주 지적하고 혼내면 아이는 주눅 들어 더 이상 도전하지 않을 수 있어요. 신체 능력에 대한 아이의 자존감을 살펴봐 주세요. 그리고 아이의 신체 능력에 대해 지지하고 격려하며 아이가 다양한 과업을 스스로 반복해서 할 수 있도록 도와주세요.

　한편, 우리 아이의 외모 자존감은 어떤가요? 우리나라 사람들은 특히 외모에 대한 평가를 자주하는 경향이 있습니다. 사람들이 지인의 아이를 만났을 때 그 아이에게 해 주는 덕담이 주로 외모에 대한 말이라는 점을 눈치채고 계셨나요? 지인들이 우리 아이를 처음 만났을 때, 주로 뭐라고 인사를 건넸는지 떠올려 보세요.

예쁘다, 귀여워, 키 되게 크네, 얼굴이 작고 갸름하네, 눈이 너무 예뻐, 오동통하니 너무 귀엽다.

물론 긍정적인 의도로 인사한 것이지만, 자꾸 반복되다 보면 아이에게 어떤 외모가 좋은 것인지에 대한 잣대가 형성되면서 특정 외모에 대한 선호가 강해질 수 있습니다. 처음 만난 아이에게 어떤 말을 건네야 할지 잘 떠오르지 않지요? 그럴 때는 아이를 만난 것에 대한 반가움과 기쁨을 표현해 주세요. 그리고 아이를 걱정하고 위해 주는 마음으로 하는 말들, 예컨대 "코만 조금 더 높으면, 쌍꺼풀만 있으면, 이마가 조금만 더 넓으면……."과 같은 말은 아이들이 외모에 집착하게끔 부정적인 영향을 줄 수 있다는 걸 기억해 주세요.

미디어의 영향으로 아이가 잘못된 미의 기준을 갖게 되었을 때 부작용이 매우 크다는 사실도 알아야 합니다. 화려한 아이돌 가수의 모습이 우리 아이가 자신의 외모를 평가하는 잣대가 된다면, 아이의 신체 자존감은 건강하게 자라기 어렵습니다. 아이가 왜곡된 미의 기준에 휩쓸리지 않게 미디어 노출을 절제하고, 혹시 보게 되더라도 그들이 평소 살찌지 않기 위해 얼마나 혹독한 과정을 거치는지, 영상을 찍기 위해 얼마나 긴 시간 화장을 하고 외모를 꾸미는지 설명하는 과정도 필요합니다.

있는 그대로의 자기 외모를 모두 좋아하는 건 어른에게도 쉽지 않습니다. 그래도 전반적으로 '나 정도면 괜찮다. 나는 내가 마음에 든다.'라고 인식할 수 있는 것이 중요합니다.

그러기 위해서는 첫째, 부모가 아이에게든 자신에게든 외모에 대한 평가를 함부로 하지 않는 모습을 '일관되게' 보여 주는 것이 중요합니다. 혹시 아이가 다른 사람의 외모를 지적하거나 자신의 외모를 타인과 비교한다면, 사람은 누구나 자신만의 개성이 있는 외모를 가졌다는 사실을 설명해 주세요. 둘째, 아이의 외모가 아니라, 표정과 몸짓, 태도에 주목해서 긍정적인 점을 찾고 칭찬해 주세요. 이것은 다른 아이를 만나 인사하고 칭찬할 때도 마찬가지입니다. 셋째, 그림책 등을 통해 세상에는 다양한 모습의 사람들이 있으며, 외모가 어떻든 행복하고 당당하게 살아갈 권리와 방법이 있음을 배워 가게 해 주세요.

외모 자존감이 부족하다고 해서 유아기부터 아이의 외모를 가꾸는 것에 치중하는 건 바람직하지 않습니다. 심할 경우, 아이가 자라면서 점점 외모에 집착하여 개성 있는 외모를 지녔음에도 불구하고 자신의 외모가 아주 추하다고 느끼는 신체이형장애가 생길 수도 있습니다. 신체이형장애가 생기면 당연히 신체 자존감에 심각한 문제가 발생하고, 타인의 시선이 모두 자신의 외모를 비난하는 것으로 여겨지면서 불안이 심해집니다. 나아가 섭식장애가 생기기도 하고, 대인기피증으로 인해 친구 관계나 학교생활에 문제가 생기기도 합니다. 이런 문제들이 등교 거부로 이어지는 사례가 상당히 많습니다. 그러므로 유아기부터 자신의 외모에 대한 건강한 신체 자존감을 키워 주는 것이 정말 중요합니다.

상담실에서 5세 아이들에게 자신의 머리끝부터 발끝까지 자기 몸을 사랑하는지, 자신의 신체 능력이 마음에 드는지 물었습니다. 선뜻 자신 있게 대답하는 아이가 많지 않습니다. 너무 사랑스럽고 반짝이는 눈빛을 지녔고 고사리손으로 만든 작품들이 충분히 멋진데도 불구하고 많은 아이들이 당당하지 못합니다.

우리 아이도 이렇게 신체 자존감이 낮은 모습을 보인다면, 다음과 같은 말을 해 주세요. 소중한 우리 아이의 신체 자존감을 높여 줄 수 있습니다.

    집중할 때 눈빛이 초롱초롱 빛나네.
    네가 웃는 모습을 보니 엄마 마음도 환해지는 것 같아.
    밥 먹을 때 참 맛있게 먹네.
    달리기를 잘하는구나.
    양치질을 꼼꼼하게 정말 잘하네.
    정성껏 그림을 그리는구나.

건강한 신체 자존감을 키우는 그림책 심리독서법은 뒤에서 소개하겠습니다.

정서 자존감: 자신을 사랑하고, 믿고, 돌보는 아이

정서 자존감은 자신이 가치 있고 유능하며 스스로의 감정을 잘 조절할 수 있다고 믿는 마음입니다. 우리 아이는 어떤가요? 아직 어리지만 주도적으로 선택하고, 자신을 아끼고 돌보며, 조금 어려운 문제가 생겨도 해낼 수 있다고 생각하나요? 먼저 정서 자존감이 발달하는 과정부터 알아보겠습니다.

미국 성격심리학의 창시자로 불리는 고든 올포트(Gordon Allport)는 자존감은 어느 정도 단계를 거쳐 발달한다고 설명합니다. 첫 번째 단계는 바로 앞에서 설명한 신체 자존감 발달의 단계로, 아이가 자기 자신에 대해 인식하기 시작하면서부터 다양한 학습과 경험, 그리고 주변의 반응을 통해 내 몸에 대한 자존감을 형성하기 시작합니다.

그다음 걸음마기를 지난 2~3세 무렵의 아이는 지극히 자기중심적으로 사고하기 때문에 자신의 실제 능력은 과대평가하고 자신이 수행할 과제는 과소평가하는 경향이 있습니다. 실제로 제대로 하는 건 없지만, 뭐든지 잘할 수 있다고 믿고 자신이 하겠다면서 "내가, 내가!"를 외치지요. 참 감사한 현상이라 생각됩니다. 그래야 아이가 다양한 경험을 하면서 발달하게 되니까요.

이 시기 유아의 자아지각은 '지금 여기에서' 경험하는 것을 바탕으로, 자기에게 능력이 있는지 없는지를 주변 반응을 보며 판단하는 식으로 발달합니다. 이때 주변 반응에 따라 아이의 자신에 대한 평가가 매우 달라질 수 있습니다. 예를 들어, 아이가 혼자 신발을 신었을 때 엄마가 칭찬해 주면, 아이는 '난 뭐든지 잘할 수 있어.'라고 생각합니다. 하지만 옆에서 형이 신발의 왼쪽과 오른쪽이 바뀌었다고 놀린다면, 아이는 '난 잘하는 게 하나도 없나 봐.'라고 생각하는 것이지요.

3~4세가 되면 아이는 자신에 대한 전반적인 가치를 평가하는 경향이 생깁니다. 드디어 정서 자존감이 발달하기 시작한다는 의미이지요. 아이에게 다음과 같은 질문을 해 보세요.

— 너는 너를 좋아하니? 스스로를 소중한 사람이라 생각해?
— 문제가 생기면 네가 해결할 수 있을 것 같아? 네가 이루고 싶은 걸 이룰 수 있을 것 같아?
— 네가 할 일을 스스로 선택하고 싶어? 아니면 누가 알려 주었으면 좋겠어?

첫 번째 질문은 자신이 소중한 사람이고 살아갈 만한 가치가 있다는 확신, 즉 자기 가치감에 대한 질문입니다. 두 번째는 어떤 상황에서도 자신이 적절하게 대처하고 문제를 해결해 나갈 능력이 있으며 목표를 성취할 수 있다고 믿는 스스로에 대한 기대와 신념, 즉 자기 유능감을 확인하는 질문입니다. 세 번째는 주변에서 일어나는 다양한 상황과 사건에 자신이 영향을 미칠 수 있다고 믿는 마음, 즉 자기 조절감을 묻는 질문입니다. 아이가 모든 질문에 "네."라고 대답한다면 정서 자존감이 잘 발달하고 있다고 볼 수 있습니다.

그럼 이제 아이의 정서 자존감을 키워 주는 방법에 대해 알아보겠습니다. 자기가 잘 해내면 우쭐대지만 조금이라도 실수하면 주눅 들고 스스로를 비하하며 자기 평가가 크게 달라지는 아이, 조금만 어려워도 "싫어요. 힘들어요. 못 해요. 안 할래요."라고 말하는 아이를 어떻게 도와주어야 자기 유능감과 자기 가치감, 자기 조절감이 건강하게 자랄 수 있을까요?

5세 아이가 아끼던 로봇 장난감을 가지고 외출했다가 그만 지하철에 두고 내렸다는 걸 알고 대성통곡을 하기 시작했습니다. 엄마 아빠 모두 아이에게 매달려서 달래고 공감해 주었지만 20분이 넘도록 울어 대니, 부모는 지치고 말았습니다. 그리고 아이에게 이런 말을 하기 시작했습니다.

이제 그만 좀 울어. 어쩔 수 없잖아. 그러니까 갖고 나오지 말라고 했잖아. 네가 잘 챙겼어야지. 왜 갖고 나와서 이런 일을 만들어.

아이를 달래고 공감해 주려 노력한 보람도 없이 결국 혼내고 비난하는 걸로 마무리하게 되었군요. 이런 식으로 대화가 끝나면 아이의 정서 자존감을 키우기 어렵습니다. 아이는 부모가 공감해 준 건 기억하지 못하고 부모의 부정적인 말만 고스란히 마음속에 남아 자기 자신을 비난하거나 엄마 아빠에 대한 불신을 키우게 됩니다.

그렇다면 "장난감을 잃어버려 속상하구나."라고 공감하고 위로해 주기만 하면 될까요? 공감의 언어가 꼭 필요하긴 하지만, 그것만으로는 아이의 자존감이 저절로 올라가지 않고 문제가 해결되지도 않습니다. 마음만 읽어 주다 보면 아이가 그 감정에 더 깊이 매몰되어 버릴 수 있어요. 이럴 땐 오히려 그 감정에서 벗어날 수 있는 대화가 필요합니다. 우선, 자기가 좋아하는 물건을 잃어버려서 속상한 아이의 마음을 읽어 주고 아이가 조금 진정되었을 때 이렇게 말해 보세요.

잠깐, 우리 어떻게 하면 장난감을 찾을 수 있을지 생각해 보자. 지하철에는 분실물보관센터가 있으니 거기로 한번 찾아가 볼까?

아이는 장난감을 찾을 수 있다는 말에 일단 울음을 그칠 거예요. 그때 아래의 예시와 같이 문제를 해결해 나가는 대화를 아이가 이해할 수 있도록 아주 천천히 진행해 주세요.

분실물보관센터가 어디에 있는지 검색해 볼게. 우리가 탄 지하철이 3호선이니까, 3호선 분실물보관센터라고 검색할게. 아! 여기 있네. 그럼 먼저 전화해 볼게. 전화번호는 02-****-****.
그런데 잠깐, 분실물보관센터에 장난감이 없을 수도 있어. 그럼 어떡하지?

물론 아이는 또다시 울 수도 있어요. 하지만 부모와 함께 분실물보관센터를 검색하는 동안 아이가 이성적으로 생각할 수 있게 되었기 때문에 처음의 울음과는 확연히 다릅니다. 지하철 역에 분실물보관센터가 있다는 사실을 알게 되고 엄마와 함께 검색하고 전화를 걸어 보는 과정을 통해 아이는 상황에 적절한 문제 해결 방법을 익히고 자기 유능감을 확인할 수 있습니다. 그다음에는 이런 방향으로 대화를 이끌어 가야 합니다.

이런 일이 생길 줄 몰랐지? 맞아, 넌 이제 다섯 살이니까 처음 경험할 거야.
이제 어떻게 하면 좋을까? 어쩌면 로봇 장난감을 계속 못 찾을 수도 있어.
그럼 로봇에게 좋은 아이 만나서 즐겁게 잘 지내라고 인사해 줄 수 있겠니?
속상한데도 네가 마음을 진정시키고 이렇게 엄마 아빠랑 같이 분실물보관센터도 찾아보다니 너무 놀라워. 훌륭해. 정말 멋있어.

이런 칭찬을 들으면 아이는 자신이 괜찮은 사람이라는 생각이 들면서 자기 가치감이 솟아납니다. 또 속상하지만 마음을 가라앉히고 해결책을 찾는 과정에서 보여 준 아이의 인내심과 문제 해결력을 짚어 준 덕분에 아이는 자기 조절감을 확인할 수 있지요. 아이는 세상 사람들이 자신에게 건네는 반응을 무의식에 차곡차곡 쌓아 갑니다. 따라서 정서 자존감은 아이가 태어나서부터 가장 밀접하게 소통하고 의지하는 대상인 부모로부터 시작된다고 해도 과언이 아닙니다.

인지 자존감: 배우고 생각하기를 즐기는 아이

아이의 자아지각을 검사해 보면 종종 아이와 부모의 인식이 매우 다른 항목이 있습니다. 바로 인지적 자아지각입니다. 부모는 아이의 인지 능력을 높게 평가하는 반면, 아이는 자신의 인지 능력을 낮게 평가하거나 또는 그 반대의 경우이지요. 바람직한 건 부모와 아이가 비슷한 수준으로 평가하는 것입니다. 그래야 아이는 자신이 다양한 지식을 배우기를 즐기며 논리적으로 생각하고 추리하는 능력이 잘 발달했다고 여기는 인지 자존감을 장착할 수 있습니다. 이 인지 자존감은 아이가 훗날 공부를 하다가 어려움을 만나도 심호흡하고 다시 도전할 수 있는 끈기와 근성으로 이어집니다. 또 부모는 아이가 받아들일 수 있는 적절한 공부 계획을 세워 갈 수 있습니다. 다음은 1장에서 살펴본 자아지각을 측정하는 질문 가운데 아이의 인지적 자아지각에 관한 질문입니다.

⸺ 퍼즐을 잘 맞춘다.
⸺ 수를 잘 세고 숫자 놀이를 잘한다.
⸺ 색깔 이름을 잘 안다.
⸺ 설명을 잘한다.

1장에서 소개한 5세 강이 및 또래 친구 두 명과 엄마들이 위 질문에 대해 평가한 사례를 살펴보겠습니다. 다음 표는 인지적 자아지각 영역 문항에서 아이들과 엄마들이 각각 평가한 점수의 총합을 기록한 것입니다.

	강이	A 유아	B 유아
엄마 평가	16	10	8
아이 평가	11	9	15

※ 인지적 영역 총 4문항, 각 문항마다 0~5점 평가, 총 20점 만점

강이가 여러 가지 능력이 잘 발달하고 있음에도 불구하고 문제 행동이 많았던 이유 중 하나는 바로 인지적 영역에서 자존감이 낮았기 때문이었습니다. 엄마는 강이의 인지 능력을 16점으로 평가하며 꽤 잘하는 것으로 인식하고 있지만, 강이는 자신의 인지 능력을 중간 정도로 느끼고 있습니다.

그렇다면 엄마는 아이가 잘한다고 생각하는데 왜 강이는 스스로 잘하지 못한다고 생각할까요? 강이 엄마도 성취 욕구가 높은 기질이라, 아이가 더 잘하기를 바라는 마음으로 아이의 실수를 열심히 지적했습니다. 아이의 부족한 점이 무엇인지 파악해서 보완하기 위해 애를 썼지요. 하지만 안타깝게도 그 과정에서 잔소리를 하거나 화내는 일이 잦았고, 아이는 그럴 때마다 주눅 들고 눈치 보며 자신을 '못하는 아이'라고 인식하게 되었습니다. 부정적인 인지 자존감을 갖게 된 것이

지요. 결국 강이는 성취 욕구가 강했지만 한편으로는 자신이 부족하다는 생각에 늘 불안하고 초조했고, 자기보다 잘하는 아이가 있으면 긴장과 불안이 심해지면서 공격적 행동을 표출하게 되었습니다.

A 유아의 경우 엄마와 아이가 모두 인지 능력을 비슷하게 인식하고 있다는 점에서는 바람직합니다. 하지만 아이가 자신의 인지 능력에 대해 자신감을 갖지 못하면 주눅 든 학습 태도를 보이고 새로운 것을 배우는 것에 대한 의욕이 떨어질 위험이 있습니다. 따라서 아이가 가진 실제 능력보다 좀 더 잘한다고 칭찬하면서 긍정적인 표현을 많이 해주는 것이 필요합니다.

그런 의미에서 본다면 B 유아의 경우가 더 바람직합니다. B의 엄마는 아이의 인지 능력을 8로, 아이는 스스로의 인지 능력을 15로 생각하고 있습니다. 엄마가 보기에 아직 중간에 못 미치는 정도의 능력이지만, 아이는 스스로 잘한다고 생각하는 것입니다. 엄마가 볼 때는 부족한데도 아이는 어떻게 인지 자존감을 키울 수 있었는지 궁금했습니다. 엄마와의 상담에서 그 이유가 밝혀졌습니다.

B의 엄마도 아이가 공부를 잘하길 바라는 마음이 강했습니다. 그러나 욕심껏 아이에게 여러 공부를 시키기 전에, 어떤 태도로 아이의 인지 교육을 시작해야 할지 공부하기 시작했습니다. 그리고 많은 육아서가 공통으로 언급하는 지침대로 '특히 공부에서는 아이가 못해도 칭찬하고 격려하는 것이 중요하다.'라는 말을 가슴 깊이 새기고 실천했습니다. 아직 아이가 또래보다 공부를 잘하지는 못하지만 꾸준히 칭찬

과 격려를 이어 가고 있었어요. 참 바람직한 인지 발달의 과정입니다.

이런 방식이 도움 되는 이유는 바로 긍정적 착각 현상 때문입니다. 긍정적 착각이란 실제 자신의 상황보다 긍정적으로 인식하고 생각하는 것을 말합니다. 자신이 지금 잘하고 있고 앞으로도 잘해 낼 수 있다고 생각하는 긍정적 믿음이지요. 뇌는 실제와 착각을 구분하지 못해 둘을 같은 경험으로 인식합니다.

미국의 심리학 교수 셸리 테일러(Shelley Taylor)는 긍정적 착각을 많이 하는 사람일수록 그렇지 않은 사람에 비해 더 건강하고 행복감을 느끼며 생산적이고 창의적인 일을 할 수 있다고 합니다. 뿐만 아니라 긍정적 착각은 동기 부여에도 매우 효과적이기 때문에 장기적으로 성공의 길로 이끌어 준다고 강조합니다. "나는 할 수 있다."라고 외치던 사람이 실제로 이루어 내는 힘이 바로 긍정적 착각에서 비롯된다고 해도 과언이 아닙니다.

특히 유아기의 긍정적 착각은 건강한 인지 자존감을 키우는 데 큰 영향을 미치며, 청소년기의 학업 수행 능력과 학업 만족도를 높이는 데 있어서도 매우 유용합니다. 퍼즐 놀이이건 숫자 공부이건 간에 인지 능력에 대해서는 못한다 생각할수록 더 하기 싫어지는 마음이 생기기 때문에 아이가 건강한 긍정적 착각을 할 수 있도록 도와주는 것이 바람직합니다.

수많은 발달심리학자들은 유아기의 인지 자존감은 다른 시기에 비해 더 뚜렷하게 자리 잡고 이후 전반적인 자존감을 형성하는 데 중요한 기초가 된다고 강조합니다. 아이가 스스로 배우고 생각하는 타입으로 커 갈지, 아니면 공부 때문에 좌절하고 불안에 시달리다 결국 학업을 포기하게 될지, 그 방향을 결정하는 핵심 요인이 된다고 해요.

한글과 수학, 영어 등 다양한 지식을 처음 접하고 호기심으로 두 눈이 반짝여야 할 시기에 벌써 "수학 못해요.", "한글 읽기 싫어요.", "엄마, 영어 말하지 마!"라고 외친다면, 우리 아이의 인지 자존감에 문제가 생겼음을 빨리 알아차려야 합니다. 그리고 공부를 잘하는 것에 초점을 두기보다, 아이가 새롭게 배우고 다양한 방법을 생각해 보는 것에 대해 신나고 뿌듯한 감정이 들도록 도와주어야 합니다.

안타깝게도 아이에게 정서적 문제가 계속 나타남에도 불구하고, 아이의 공부 실력을 키우는 데만 몰두하는 부모들이 많습니다. 아이의 공부 문제점을 보완하게 해서 공부 실력이 향상되면, 인지 자존감도 자연히 향상되지 않을까 생각해서지요. 그러나 이미 정서적으로 불안한 아이에게 부모가 계속해서 지적과 강요를 한다면, 아이는 자신의 인지 능력을 부정적으로 평가하게 되고 결국 인지 자존감이 더 낮아지는 악순환이 발생할 수 있습니다. 우리 아이가 새로운 것을 배우고 폭넓게 사고하는 것을 즐기는 사람으로 성장할 수 있도록, 당장의 학업적 성취보다 단단한 인지 자존감을 길러 주는 데 더 힘써야겠습니다.

아이의 자존감을 단단하게 만드는
부모의 네 가지 습관

아이의 자존감을 해치는 의외의 문제

한 어머니가 제게 개인적인 질문을 하였습니다.

　선생님은 아이를 키우면서 조급해지거나 답답하고 화가 날 때는 없었나요?

　여기에 대한 답은 분명합니다. 저도 화가 났어요. 걱정과 답답함과 불안이 제 마음을 휘몰아쳤습니다. 하지만 아이의 기질과 정서 상태와 인지 능력에 대해 고민하고, 어떤 반응이 아이의 성장에 도움이 될지 알고 있던 지식을 총동원해서 생각을 정리합니다. 그다음 내가 느끼는 감정과 생각, 그리고 행동을 구분해서 생각한 뒤, 어떤 말로 아이와 대화를 할지 선택합니다. 물론 완벽했던 경우보다 실수가 더 많았지만,

그래도 바람직하게 반응한 경험을 통해 아이를 더 잘 키우게 된 것은 분명한 사실입니다.

앞서 아이가 기특하게 잘 클 때도, 문제 행동을 하며 속을 썩일 때도 꼭 짚어야 할 세 가지가 있다고 했습니다. 바로 아이의 기질, 정서, 인지입니다. 한번 연습해 볼게요. 다음 상황에서 아이의 기질, 정서, 인지를 살펴본 후에 이에 대한 엄마의 감정, 생각, 행동, 그리고 대화는 어떠한지 구분해서 분석해 보겠습니다.

> 여섯 살 아이가 예민하고 감정 기복도 큽니다. 사소한 일에도 버럭 짜증을 내고 자기가 원하는 대로 들어주지 않으면 울음을 터뜨려요. 그런데 아이가 울면서 하는 말이 "짜증 푸는 것 좀 도와주세요."입니다. 이럴 때 어떻게 해야 하나요?

엄마의 말 속에는 이미 아이의 기질이 예민함을 이해하고 있다는 게 드러나 있죠. 아이는 예민해서 정서적으로 짜증이 많고 감정 기복이 큽니다. 그래도 인지적으로 훌륭한 모습을 보입니다. 자신이 짜증을 풀지 못한다는 것을 알고 엄마에게 도움을 청하고 있으니까요.

이번에는 아이의 행동에 대한 엄마의 감정·생각·행동·대화 습관을 살펴보겠습니다. 그런데 부모가 아이에게 반응할 때, 습관화된 방식으로 반응하는 경우가 대부분이라는 사실을 알고 계신가요? 부모가 아이를 대하는 방식에는 네 가지 습관이 숨어 있습니다. 예민한 아이에 대한 엄마의 반응 모습을 살펴볼게요.

> 아이의 감정을 있는 그대로 인정해 주는 게 좋다고 해서, "짜증 내는 건 나쁜 게 아니야. 하지만 계속 이렇게 짜증을 내면 엄마도 화가 나니 이제 멈춰야지."라고 말해 줍니다. 이렇게 차근차근 말하면 아이가 진정되었어요. 그런데 조금 있으면 아이가 또 짜증을 냅니다. 짜증 내지 말고 말로 하라고 해도 말을 잘 못해요.

이 사례에서 두드러지게 나타나는 건 엄마도 아이도 모두 감정에 예민하다는 점입니다. 그래서 엄마는 고민을 이야기하는 내내 구체적인 상황은 전혀 묘사하지 않고 아이가 짜증 낸 것만 말하고 있습니다. 아이의 문제 행동에 쉽게 감정이 상하는 '감정 습관'을 보이는 것이지요.

상담사   아이가 짜증을 내는 구체적 상황을 자세히 묘사해 주시겠어요?
아이 엄마 아니, 사사건건 그래요. 아무리 말해도 고쳐지지 않아요.

이 말 속에 숨어 있는 엄마의 '생각 습관'이 보입니다. 아이가 왜 짜증을 내는지 궁금해하기보다, 판단이 앞서서 아이의 행동이 문제라고 생각하는 경향이 강합니다. 다시 한번 질문하자 엄마는 그제야 상황을 설명합니다.

상담사 그렇게 느끼는 장면을 사진으로 찍는다면 어떤 모습이 찍히나요?

아이 엄마 저녁밥을 다 먹었는데 아이가 또 과자를 먹겠다고 해서 안 된다고

했을 때…….

이렇게 구체적인 상황을 듣고 보니 이제 아이가 어떤지 조금 보이기 시작합니다. 아이의 행동에서는 저녁밥을 다 먹고 나서도 과자를 먹어도 된다는 생각, 떼를 쓰면 엄마가 말을 들어준다는 믿음이 보입니다. 그런데 엄마는 저녁 식사 후에 과자를 준 적이 한 번도 없는데, 왜 아이가 그런 생각을 하게 되었는지 의아합니다. 아이에게 물어보니 친척들과의 여행에서 어른들이 대화를 나누며 정신이 없는 동안 과자를 달라고 요구했을 때 분위기에 휩쓸린 엄마가 허락한 적이 있었다고 합니다.

엄마는 기억하지 못했지만, 그날 이후 저녁 식사를 마칠 때마다 아이의 과자 타령이 시작되었다는 걸 상담을 하고서야 깨달았지요. 결국 정신없는 상황에서 아이가 투정 부리는 것을 무마하고자 무심코 허락했던 엄마의 '행동 습관'으로 인해 아이는 떼쓰는 행동을 계속했다는 사실을 알 수 있습니다.

한편, 아이에게 엄마의 말 중에 가장 듣기 싫은 말이 무엇인지 물으니 이렇게 대답했습니다.

엄마가 "또 시작이야? 엄마가 안 된다고 했잖아. 왜 넌 맨날 이렇게 떼를 쓰

니?"라고 할 때요.

엄마는 과도한 육아 스트레스로 인해 평소에 아이를 비난하는 말을 많이 하는 '대화 습관'을 갖고 있었습니다. 자신을 비난하는 말을 자주 듣는다면, 아이는 자존감이 떨어지면서 좌절감과 무기력함을 느끼는 동시에 저항감을 갖게 됩니다. 그러니 점점 짜증이 늘고 사소한 일에도 감정이 폭발하는 악순환이 반복됩니다.

이렇듯 아이를 대하는 부모의 반응은 습관화된 감정·생각·행동·대화에서 비롯되는 경우가 많습니다. 그렇다면 이제 그러한 습관으로 인한 악순환의 고리를 끊고 아이의 자존감을 키워 주는 부모의 감정 습관, 생각 습관, 행동 습관을 새롭게 익히는 것이 중요합니다. 또 이를 바탕으로 효과적인 대화법을 익혀서 새로운 대화 습관을 들일 필요가 있습니다. 아이의 자존감을 키워 주는 부모의 네 가지 습관을 자세히 알아보겠습니다.

부모의 감정 습관: 유쾌함, 기특함, 고마움

아이를 잘 키우기 위해 꼭 필요한 부모의 감정 습관이 있습니다. 바로 유쾌함, 기특함, 고마움입니다. 부모가 어떤 기질과 성격을 가졌든 밝고 유쾌한 감정 상태로 아이를 대해야 합니다. 어떤 부모는 자신이 내

성적이라서 늘 우중충한 분위기라며 걱정합니다. 그분은 자신의 성격을 잘못 이해하고 있습니다. 내향성이 강한 사람이라고 해서 어둡거나 딱딱하지 않습니다. 내향적이라 말수가 적을 수는 있겠지만, 차분하고 부드러워 함께 있으면 편안한 분위기를 만들어 내지요. 외향적이면 모두 밝고 명랑하여 사람들과 잘 어울릴 거라고 생각하는 것도 오해입니다. 외향성을 가진 사람들은 나서기 좋아하고 사람들과 스스럼없이 대화하지만, 한편으로 상대방에게 잘 따지거나 공격적인 경우가 종종 있습니다.

내향적이거나 외향적인 것과 상관없이, 아이가 부모와 함께 있을 때 밝고 즐거운 기분, 편안하고 안정된 느낌이 들면 됩니다. 그런 상황에서 아이는 자신이 경험하는 일을 재미있고 기쁜 일이라고 인식하게 되지요. 밝은 모습의 부모와 함께 숫자를 세며 즐겁게 논 경험이 있다면, 아이는 수 세기를 재미있는 일로 여기게 됩니다.

이렇게 부모에게 느끼는 일상의 감정이 편안하고 기분 좋은 느낌이라면 아이의 배경 정서는 건강하게 자랄 것입니다. 혹시 자신이 잘못해서 꾸지람을 듣고 엄마 아빠에게 서운하고 원망스러운 마음이 든다 해도, 그 갈등은 단지 일시적인 것일 뿐이며 자신이 실수하거나 잘못해도 그 관계가 손상되지 않는다는 걸 깨달을 수 있지요.

상담 시간에 친구가 자기를 괴롭혔다며 우는 아이에게 이렇게 물었습니다.

상담사 　그 친구가 너에게 결투를 신청했어? 그래서 넌 어떤 작전으로 그 친
　　　　구를 물리쳤어?

갑자기 아이의 눈이 동그래집니다. '결투, 작전'이라는 단어만으로 아이가 처한 상황을 전혀 다르게, 왠지 동화의 한 장면으로 느껴지게끔 한 것이지요. 울음을 멈춘 아이가 말합니다.

아이 　전 아무 말도 안 했어요.
상담사 　와! 침묵 작전을 썼구나. 그것도 좋은 작전이네. 그랬더니 그 친구가
　　　　어떻게 반응했어?
아이 　걔도 아무 말 안 했어요.
상담사 　네 작전이 성공했네. 우리 이제 전략 회의를 해 볼까? 다음에 그 친구
　　　　가 또 너를 괴롭히면, 어떤 작전으로 대응하면 좋을까?

어떤가요? 아이가 괴롭힘을 당해 주눅 든 분위기에서 왠지 영웅이 된 듯한 밝은 분위기로 바뀌는 게 느껴지나요? 부모의 유쾌한 감정 습관이 중요한 이유는 아이가 불편한 감정에서 벗어나 다시 심리적 안정감을 얻도록 도와주기 때문입니다. 유쾌함은 아이는 물론 부모에게도 유익합니다. 우리가 수시로 느끼는 어두운 감정들에서 잠시 벗어나 마음의 휴식을 취할 수 있게 하고 자신이 경험한 부정적 사건을 다른 관점에서 바라볼 수 있는 심리적 여유를 가져다주지요. 큰 노력 없이

부모와 아이 모두 마음이 편안해질 수 있는 중요한 습관입니다.

다음으로 필요한 부모의 감정 습관은 기특함입니다. 기특함은 아이가 말하고 행동하는 것이 신통하고 귀엽다고 느끼는 것이지요. 아이가 태어난 후 첫 3년 동안 부모가 가장 자주 표현하는 감정 중 하나가 바로 "아이고, 기특해!"일 것입니다. 아기가 뒤집기를 하고 기어 다니고 걸음마를 하는 모든 과정이 너무나도 기특합니다. 아빠가 피곤한 표정을 짓자 고사리손으로 안마해 준다고 할 때도, 숟가락질도 신발 신기도 모두 혼자 해 보려 애쓸 때도, 퇴근한 엄마가 현관문 여는 소리가 들리면 쪼르르 달려가 안길 때도 모두 기특한 모습이지요.

그런데 아이가 세 살 정도 되면, 떼쓰기나 부모와의 힘겨루기로 하루 종일 전쟁 같은 육아가 되기도 합니다. 아이는 여전히 기특하게 하루하루 커 가고 있는데, 이제 좀 컸으니 이것도 해야 하고 저것도 해야 한다는 부모의 조바심이 기특함이라는 감정을 앗아가 버린 건 아닐까 생각해 봅니다.

기특함은 곧 고마움으로 연결됩니다. 아직 어린아이에게 고마울 게 뭐가 있나 하는 생각이 든다면, 육아 스트레스가 많아 아이를 키우는 일이 힘겨운 상태일 것 같습니다. 그럴 땐 자신을 먼저 돌보는 일이 무척 중요합니다. 주변의 지원 체계를 총동원해서 육아 스트레스를 치유하는 일이 먼저라는 사실을 강조하고 싶습니다. 아이가 오늘 너무 말썽을 부려 힘겨웠더라도 다시 아이의 하루를 돌이켜 보면 참 고마운 일이 많습니다. 그래서 부모가 유아기 아이에게 자주 해야 할 중요한 대화는 "와, 잘했어! 기특해. 고마워."입니다.

'고마움'이라는 감정은 부모에게만 중요한 것이 아니라, 아이가 긍정적이고 건강한 자존감을 키우는 데도 매우 중요한 역할을 합니다. 여러 심리학 연구에 따르면, 일상에서 자주 고마움을 느끼는 사람은 자기 스스로에 대한 가치 평가, 즉 자기 가치감이 높고 긍정적인 자아상을 형성하는 비율이 높다고 합니다.

그런데 고마움은 말로 설명해서 가르치는 게 아닙니다. 누군가가 아이에게 작은 선물을 주었을 때 부모가 "'감사합니다'라고 말해야지." 하며 설명하기보다, 부모가 일상에서 틈틈이 아이에게 고마움을 표현하는 것이야말로 아이가 몸과 마음으로 감사함을 배우게 되는 중요한 과정이지요. 이제 연습해 보겠습니다. 아이에게 고마운 일 다섯 가지만 말해 볼까요?

- 밥을 잘 먹어서 고마워.
- 많이 웃어서 고마워.
- 배변을 잘해서 고마워.
- 잠을 잘 자서 고마워.
- 잘 걷고 뛰어다녀서 고마워.

아이가 커 가는 데 가장 중요한 먹고, 자고, 놀고, 웃고, 화장실에 가는 것, 이 모두가 얼마나 고마운 일인가요? 유쾌함, 기특함, 고마움. 이

세 가지 부모의 감정 습관을 잘 갖춘다면, 아이에게 긍정적인 영향을 줄 뿐만 아니라 부모 자신도 아이 키우는 일이 훨씬 더 수월하게 느껴지고 감동과 기쁨을 느끼는 순간이 더 많아질 것입니다. 부모의 세 가지 건강한 감정 습관으로 우리 아이의 자존감을 건강하게 키워 주세요.

부모의 생각 습관: 호기심, 수용, 긍정적 의도

부모가 가진 양육 신념이 양육 태도에 큰 영향을 미친다는 이야기를 앞에서 했었지요. 여러 가지 양육 신념들 가운데 부모가 일상에서 늘 유념해야 할 중요한 생각 습관이 있습니다. 바로 아이에 대한 호기심 갖기, 부모의 기대와 다른 아이의 행동을 인정하고 마음 수용하기, 그리고 문제 행동에도 아이가 나름의 긍정적 의도를 가지고 있다고 생각하기입니다.

　인터넷에서 호기심이라는 단어를 검색하면 주로 호기심 많은 아이로 키우는 방법에 관한 정보가 가득 나옵니다. 그런데 그보다 더 중요한 건 아이 마음에 대한 부모의 호기심입니다. 대부분의 부모는 늘 아이를 판단합니다. '너무 산만해. 짜증을 잘 내. 욕심을 부려. 말을 안 들어.' 그런데 이런 판단을 하기 전에 아이가 왜 그런지 궁금한 마음이 들어야 합니다. 아이가 산만해지는 이유, 짜증을 내는 이유, 욕심부리며 떼쓰는 이유에 대해 호기심을 가진 적이 있나요? 의외로 대다수의 부모가 아이에게 그런 행동에 대한 이유를 질문하지 않습니다. 부모가 물어봤다고 말할 때도 정작 자세히 들여다보면 "왜 그랬어?"라는 말로 아이를 다그치는 경우가 대부분이지요.

아이의 행동에는 저마다 이유가 있습니다. 아이가 어떤 문제 행동을 하더라도 최소한 무슨 이유가 있었는지는 알아야 합니다. 그렇지 않고 무조건 아이가 잘못한 것이라 판단하고 혼내고 고치려 한다면, 오히려 아이에게 정서 문제를 일으키고 자존감에 상처를 줄 수 있어요. 아이가 소리 지르고 떼쓰는 행동이 심해진다면 '요즘 들어 문제 행동이 심해지는 이유가 뭘까? 뭔가 어려운 점이 있나? 혹시 어린이집에서 힘든 점이 있나? 엄마 아빠가 자주 놀아 주지 못해서 그런가?'라고 아이 마음에 호기심을 가지고 살펴봐 주세요.

아이가 갑자기 자기도 공부하겠다며 한글을 가르쳐 달라고 말할 때, 동생에게 화를 낼 때, 거짓말을 할 때 이렇게 물어보세요.

> —— 그동안 관심이 없었는데 왜 갑자기 하고 싶은 마음이 들었어?
> —— 네가 화를 낸 건 이유가 있을 거야. 화난 이유를 알고 싶어.
> —— 네가 거짓말한 건 이유가 있을 거야. 거짓말한 이유를 말해 줄 수 있어?

물어봐도 아이는 대답을 잘 못할 수 있어요. 대답을 못 하는 데에도 분명히 이유가 있을 겁니다. 그 마음까지도 호기심을 갖고 깊이 살펴보는 것이 중요합니다. 문제 행동을 한 이유가 아이의 기질적 특성 때문이라면 기질에 맞는 훈육 방법을 찾아야 하고, 잘 몰라서 그랬다면 차분히 가르쳐야 하고, 알면서도 실수했다면 조절력을 키워 주어야 하지요. 아이가 엄마와 분리될 때마다 운다면, 무엇이 아이의 마음을 불안하게 했는지 세심하게 살펴봐야 아이를 진정시킬 효과적인 방법을 찾을 수 있습니다.

다음으로 꼭 필요한 부모의 생각 습관은 '수용하기'입니다. 아이의 마음을 있는 그대로 인정하고 받아들이는 수용은 의외로 부모가 가장 힘들어하는 부분입니다. 아이가 욕심을 부리거나 억지를 쓸 때 그 마음을 받아들이기란 쉽지 않지요.

어떤 부모는 아이가 화를 내며 장난감을 던지거나 책을 찢을 때, "던지고 싶었구나. 찢고 싶은 마음이 들었구나."라고 말하며 아이 마음을 읽어 주려 노력합니다. 그런데 이는 제대로 된 수용과 다릅니다. 수용은 아이의 잘못된 행동을 받아들이라는 의미가 아닙니다. 문제 행동을 하고 싶었던 마음에 초점을 두면 대화가 길을 잃어버리게 되지요. 아이 입장에서는 마치 잘못된 행동을 허락받은 듯한 오해가 생기기도 합니다.

수용은 아이가 그럴 수밖에 없었던, 그 행동을 통해 충족하고 싶었던 욕구가 무엇인지 알아주라는 의미입니다. 수용이란 '네가 원한 건 이것이었구나.'로 표현하는 것이 더 적절합니다. "마음대로 하지 못해 화가 났구나.", "로봇을 가지고 싶었구나.", "젤리를 먹고 싶었구나."와 같이 무언가를 원하는 아이의 마음을 알아주는 것이지, 옳지 못한 행동까지 인정하라는 의미가 아닙니다.

아이가 새 장난감을 사 달라고 떼쓸 때 사고 싶어 하는 마음은 충분히 수용해 주세요.

이 장난감을 정말 사고 싶었구나. 그런데 엄마가 안 된다고 해서 많이 속상했구나. 네 마음이 진정될 때까지 꼭 안아 줄게. 넌 잘 해낼 수 있어. 엄마가 기다릴게.

더 살펴볼까요? 젤리를 더 먹고 싶은데 못 먹게 하니 "엄마 미워."라고 말하는 아이에게 엄마가 "그런 말 하면 안 돼."라고 대답한다면, 아이는 마음을 수용받지 못한 겁니다. 대신, 다음과 같이 말하면 아이는 엄마가 자신의 마음을 알아주었다고 느끼고 마음을 조금씩 진정시킬 수 있습니다.

젤리를 더 먹고 싶은데 못 먹게 해서 엄마가 밉게 느껴졌구나. 그런 마음이 들 수도 있어. 얼마나 속상하면 그런 마음이 들겠니.

하면 안 되는 행동을 아이에게 설명할 때, 대화가 막히는 경험을 해 보셨을 거예요. "그러면 안 돼."라고 단호하게 말해도, 아이가 말대꾸를 하거나 심지어 울며불며 아우성을 쳐서 난감해지는 상황이 많습니다. 이럴 때 핵심은 아이가 이미 그 행동이 잘못되었음을 알고 있다는 것을 전제로 이야기하는 것입니다. 따뜻하지만 단호하게 행동 지침을 아이의 마음에 각인시켜야 합니다.

물건을 던지면 안 된다는 거 잘 알고 있지? 그래. 잘 알고 있구나. 앞으로 잘 지킬 수 있겠니?

세 번째 꼭 필요한 부모의 생각 습관은 아이의 문제 행동 속에 숨어 있는 '긍정적 의도'를 알아차리는 것입니다. 만약 아이가 좋아하는 반찬이 없다고 투정 부리며 밥을 먹지 않는다면, 유치원에서 말없이 장난감을 가져온다면 어떤 생각이 드시나요? 아이의 반찬 투정을 어떻게 고칠지 고민되고, 나중에 커서 물건을 훔치는 습관이 드는 것은 아닌지 걱정이 앞서나요? 이는 작은 잘못을 혼내지 않으면 분명 큰 문제가 될 거라는 부정적 고정관념에서 비롯된 생각일 수 있습니다. 아이의 행동이 나쁘다고 섣불리 평가하기 전에 아직 제대로 배우지 못했으니 가르치면 된다고 생각해야 합니다.

그리고 더 중요한 것은 아이의 행동에 다른 긍정적 의도가 있었을 것이라 생각하고 찾아 보려는 노력입니다. 사람들은 타인의 행동에서 문제점은 매우 쉽게 찾아내는 경향이 있습니다. 그러나 잘못을 계속 지적한다고 해서 아이의 행동이 달라지는 것은 아닙니다. 이제 관점을 확 바꾸어, 아이의 행동 속에 숨어 있는 긍정적 의도를 알아차리고 그것을 지혜롭게 이용해 보세요. 아이는 자기도 미처 몰랐던 자기 내면의 예쁜 마음을 발견하고 그에 걸맞게 행동하려는 욕구가 샘솟게 됩니다.

아이가 반찬 투정을 부리는 상황에서 아이의 행동 속에 숨어 있는 긍정적 의도가 무엇인지 찾아 볼까요? '좋아하는 반찬만 있다면 밥을 잘 먹고 싶을 거야.'라고 생각해 보면 어떨까요? '어떻게 아이가 좋아하는 반찬만 먹여?'라는 의문이 들 수도 있습니다. 그럴 때, '아이도 좋아하고 건강도 챙길 수 있는 레시피는 무엇일까?'라고 관점을 바꾸어 보면 창의적인 방법이 떠오를 거예요. 고기 반찬만 좋아하는 아이에게 채소를 다져 넣은 고기채소완자를 만들어 주면 아이가 맛있게 먹지 않을까요?

아이가 유치원 장난감을 허락받지 않고 집에 가져왔을 때, 아이의 행동 속에 숨어 있는 긍정적 의도를 찾아 보겠습니다. 아이에겐 그 장난감을 갖고 싶은 마음과 집에서도 그 장난감을 가지고 재미있게 놀고 싶은 마음이 있을 겁니다. 수용하기를 실천하려고 굳이 "장난감을 갖고 싶었구나."라고 말해서 아이에게 그 마음을 더 크게 인식시킬 필요는 없습니다. 다만 장난감을 가지고 재미있게 놀고 싶다는 마음은 긍정적 의도이니 그 마음에 초점을 맞추어 보세요.

아이는 두 돌이 지나면 '내 것'과 '남의 것'이라는 소유 개념이 발달하기 시작합니다. 그런데도 유치원에서 장난감을 가져왔다면, 그것을 가지고 놀고 싶은 마음이 더 크기 때문이에요. 우선 그 마음을 먼저 알아주고 나서 다시 한번 설명하면 됩니다.

유치원 장난감으로 집에서도 놀고 싶었구나. 잘 참았다가 내일 유치원에 가서 다시 가지고 놀아야겠네. 집에서는 집 장난감으로 놀고, 유치원 장난감은 유치원에서만 갖고 노는 거야. 그건 꼭 지켜야 할 약속이야. 친구가 우리 집에서 놀다가 네 장난감을 말없이 가져가면 괜찮아? 아니지? 몰래 가져오는 건 훔치는 거야. 그건 나쁜 거야. 알지? 내일 유치원에 가서 엄마(아빠)랑 함께 선생님께 갖다 드리고 사과하자. 약속!

물건을 몰래 가져오는 건 도둑질이라며 혼내기만 하면 아이에게는 상처만 남습니다. 그러니 정말 고쳐야 할 나쁜 행동을 했을 때에도 긍정적 의도를 찾아 먼저 말해 주세요. 그러고 나서 잘못을 정확히 짚어 주고 다음에 어떻게 행동해야 하는지 가르쳐 주어야, 아이는 사회적 규칙을 마음 깊이 새길 수 있습니다.

동생을 계속 놀리는 아이의 긍정적 의도는 동생과 재미있게 놀고 싶은 마음이겠지요. 하지만 아이가 아는 방법이 그저 놀리는 것뿐일 수 있어요. 그렇다면 동생과 함께 재미있게 놀 수 있는 방법을 찾도록 이끌어 주어야 합니다.

동생과 재미있게 놀고 싶구나. 그런데 다른 방법을 잘 모르는 거야? 엄마(아빠)가 새로운 놀이를 가르쳐 줄까?

이렇게 아이의 문제 행동 속에 숨어 있는 긍정적 의도를 찾아 보는 생각 습관은 아주 강력한 행동 수정의 효과가 있습니다.

그동안 아이의 마음과 행동을 이해하려고 노력하기보다, 고정관념에 입각해 자동적으로 해석하고 있진 않았나요? 아이들만 폭넓고 깊은 사고, 건강한 생각 습관을 키워야 하는 게 아닙니다. 아이에 대한 부모의 생각 습관도 그러해야 합니다. 위에서 언급한 부모의 세 가지 생각 습관을 일상에서 꾸준히 실천해 보세요. 부모로부터 더 깊은 이해와 공감을 받으면서 아이의 자존감이 자라게 되고, 늘 같은 패턴으로 아이와 씨름하는 일도 점점 줄어들 거예요.

부모의 행동 습관: 좋은 부부 관계, 매너, 웃음

엄마 아빠는 아이 앞에서 어떤 행동을 보이고 있나요? 부모가 아이에게 보여 주어야 할 첫 번째 행동 습관은 바로 사이좋은 엄마 아빠의 모습입니다. 첫 상담을 시작하기 전에 부모님들께 먼저 드리는 질문지에 꼭 들어 있는 것이 바로 "아이에게 엄마 아빠의 모습은 어떻게 보일까요?"라는 질문입니다.

―― 부부끼리 자주 다투어서 아이에게 미안해요.
―― 싸우지는 않지만 부부가 서로 말을 잘 안 해서 아이가 어떻게 볼지 모르겠어요.

우연인지 모르겠지만, 상담이 필요한 아이들의 부모님들은 부부 사이가 좋은 경우가 그리 많지 않았습니다. 자주 다투거나, 서로 말을 별로 하지 않는 무미건조한 모습이 대부분입니다. 아이는 이런 엄마 아빠의 모습을 보며 어떤 감정을 느끼고 어떤 생각을 할까요? 부부 싸움이 아이에게 나쁘다는 걸 모르는 부모는 없을 겁니다. 부모가 대놓고 싸우지 않는다고 해서 아이 마음이 편한 것은 아닙니다. 엄마 아빠 사이에 흐르는 냉랭한 기류를 알아차리고 이쪽저쪽 눈치를 보게 됩니다. 또는 엄마 아빠 중 어느 한쪽의 편이 되어 오히려 가족관계가 악화되기도 합니다. 배우자가 아이와 편 먹고 자신만 소외시켰다는 생각에 감정이 상하기 때문이지요.

아이는 자신의 존재의 시작인 엄마 아빠의 사이가 나쁘면 어쩔 줄 몰라하며 불안해합니다. 그리고 부모의 싸움이 혹시 자기 때문인가 하는 생각에 자존감이 바닥을 치게 됩니다. 그래서 만약 부부가 이혼을 하게 된다면 아이에게 가장 먼저 "너 때문이 아니야."라는 말을 꼭 해 주어야 합니다. "엄마 아빠가 서로 사랑해서 너를 낳았고 행복하게 살았지만, 지금은 사이가 나빠져서 헤어지는 거야. 그렇다고 너를 사랑하는 마음이 달라지는 건 아니야."라고요. 물론 그런 일이 없으면 좋겠지만, 만약 헤어지는 게 최선의 선택이라면, 헤어지고 나서도 성숙한 엄마 아빠 관계를 보여 주는 것이 중요합니다. 부부 관계는 끝났지만, 아이의 엄마와 아빠라는 관계는 영원하니까요.

아이에게 가장 필요한 부모의 행동 습관은 부부 간에 좋은 관계를 유지하려 노력하는 것입니다. 부부 사이에 다소 어려움이 있을지라도 아이 앞에서 사이좋은 모습을 보여 주세요. 애정 표현까지는 아니어도 그저 원만하게 잘 지내는 친구 모습이면 충분합니다. 좀 싫은 친구라도 대놓고 싫은 티를 내지는 않잖아요. 한 가지 주제에 대해 부부가 서로 미소 짓고 이야기 나누는 정도의 노력이 필요합니다. 물론 서로 얼굴을 보며 웃음을 터트리면 더 좋겠습니다. 엄마 아빠가 서로를 보며 웃을 때 아이의 마음도 환하게 밝아집니다.

부모가 아이에게 보여 주어야 할 두 번째 행동 습관은 매너입니다. 매너는 해야 하는 것과 해서는 안 되는 것을 구분하고, 다른 사람의 입장을 잘 배려하는 마음과 행동입니다. 인기를 끌었던 한 영화에 나와 유행한 대사, "매너가 사람을 만든다."는 말처럼 아이는 부모의 매너를 보면서 사람과 세상에 대한 자신의 태도를 만들어 갑니다.

그렇다면 부모가 아이에게 지켜야 할 매너는 무엇일까요? 아이에게 매너를 지키지 못하는 부모를 상담해 보면 '내 자식이니까 내 마음대로 해도 된다.'라는 생각이 있는 경우가 많습니다. 아이는 부모의 소유물이 아니고 내 마음대로 해도 되는 존재가 아닙니다. 부모의 몸을 빌어 세상에 태어난 고귀한 영혼이지요.

그래서 전문가들은 부모가 지켜야 할 자녀에 대한 매너를 말할 때 아주 쉬운 비유를 합니다. 바로 옆집 아이를 대하듯 하라는 것입니다. 다음 상황에서 여러분이 다른 아이들을 어떻게 대할지 한번 생각해 보세요.

—— 길에서 아이의 친구들을 만났을 때 어떻게 인사하고 반겨 주나요?

—— 놀이터에서 한 아이가 속상한 일이 있어 울고 있다면 어떻게 달래 주나요?

—— 아이들이 서로 싸우는 모습을 본다면 어떻게 말리나요?

—— 옆집 아이가 장난감을 가지고 욕심을 부리면 어떤 표정으로 무슨 말을 하나요?

여러분은 이런 상황에서 다른 아이들을 대할 때 부드럽고 우아하게, 친절하고 다정하게 아이의 마음을 읽어 주고 적절한 가르침을 줄 것입니다. 바로 그 태도가 우리 아이에게 보여야 할 매너입니다. 다른 아이에게 하지 않는 건 우리 아이에게도 하지 말아야 합니다. 아이는 사랑이 담긴 품격 있는 부모의 매너를 보며 자신이 존중받는 존재임을 자각한다는 사실을 잊지 말아야겠습니다.

부모가 아이에게 보여 주어야 할 세 번째 행동 습관은 '아이와 함께 웃기'입니다. 엄마 아빠가 서로를 보며 웃는 것도 필요하지만, 아이와 함께 웃는 웃음은 더 중요합니다. 그래서 상담을 받으러 온 부모님들께 꼭 질문하는 것이 바로 '우리 아이와 마지막으로 함께 웃은 적이 언제인가요?'입니다.

나의 부모님이 나와 함께 웃었을 때를 떠올려 보세요. 어떤 감정이 내 마음을 사로잡았나요? 어쩌면 부모님이 나를 무섭게 혼낸 적도 많고 상처를 준 적도 있을 거예요. 그럼에도 불구하고 부모님을 사랑하는 이유는 바로 함께 웃었던 좋은 감정의 추억들 때문이지요. 아이의 성장 과정에서 가장 영향력이 큰 마음의 양식은 바로 엄마 아빠와 함께 웃는 웃음이라 할 수 있습니다. 우리 아이에게도 그런 마음의 양식을 채워 주세요. 부모와 함께 웃는 일이 많을 때 아이는 긍정적인 정서로 가득 차고 밝은 성격으로 자라며, 자신이 사랑받고 인정받는 존재라는 믿음을 형성합니다.

사람의 뇌 속에 있는 거울 뉴런의 존재를 알면, 웃음이 얼마나 중요한지 다시 한번 깨닫게 됩니다. 거울 뉴런은 다른 사람의 행동을 관찰할 때 활성화되어 타인을 모방하고 학습하는 신경세포입니다. 거울 뉴런으로 인해 내가 보는 대상이 밝고 긍정적이면 나도 긍정적인 마음이 되고, 상대방이 부정적이면 나도 부정적인 감정에 휩싸이게 되지요. 곁에 있는 누군가가 지속적으로 짜증 내고 화내고 지적한다면, 어느 정도 조절력이 있는 어른도 부정적인 감정에서 벗어나기가 쉽지 않습니다. 하물며 어린아이들이야 더더욱 그렇지요.

부모가 아이에게 미소와 웃음을 보여 주면 거울 뉴런이 작동하여 아이의 얼굴에도 미소와 웃음꽃이 활짝 핍니다. 반대로 엄마 아빠가 찡그리고 화를 내면 아이의 뇌도 똑같이 반응하게 될 뿐 아니라, 자신을 보고 화내는 부모의 표정을 통해 자기 스스로를 비하하게 되고 자신감을 잃어 갑니다.

부모와 아이가 함께하는 웃음이 중요한 이유가 또 한 가지 있습니다. 아이의 웃음이 부모의 심리에도 매우 긍정적인 영향을 주기 때문입니다. 심리학자인 데이비드 루이스(David Lewis) 박사는 2005년 109명의 실험 참가자들에게 다양한 사람들의 사진을 보여 주면서 뇌 활동과 심전도 변화를 관찰했습니다. 그 결과, 아기의 미소를 볼 때 초 콜릿바 2천 개를 먹거나 현금 1만 6천 파운드를 받을 때의 반응과 비 슷한 뇌 활동과 심전도 변화가 나타났다고 합니다. 그렇게까지 큰 영 향을 주나 싶지만, 사실 육아 시절을 돌이켜 보면 아이가 웃는 순간보 다 더 소중한 때는 없었으니 당연하다는 생각도 듭니다. 이렇게 부모 의 웃는 습관이 아이의 자존감뿐만 아니라 부모 자신에게도 매우 유 익한 행동이라는 점을 꼭 기억하시기 바랍니다.

부모의 대화 습관: 일치형 대화, 이중 메시지 금지, 편안한 상황의 대화

앞에서 말한 생각 습관, 감정 습관, 행동 습관은 모두 부모의 대화 습 관으로 이어져야 합니다. 따라서 부모는 공감의 말, 수용의 말, 호기심 의 말, 고마움의 말, 긍정적 의도를 찾는 말을 할 줄 알아야 하고, 다양 한 상황에서 습관적으로 그런 말들이 튀어나올 수 있도록 꾸준히 연 습해야 합니다. 다음에 소개하는 세 가지 대화 습관을 염두에 두고 실 천한다면, 아이와 더욱 효과적으로 소통하며 아이의 자존감과 사회성 을 길러 줄 수 있을 거예요.

부모에게 꼭 필요한 첫 번째 대화 습관은 일치형 대화입니다. 언어와 비언어의 일치, 즉 말의 내용에 맞게 표정과 몸짓을 일치시켜야 합니다. 아이의 마음을 공감해 주고 수용할 때, 혹은 위로하거나 격려할 때 부모는 아이와 부드럽게 눈을 맞추고 따뜻한 말투를 쓰고 다정한 표정을 지어야 합니다.

엄마에게 다가와 "엄마 나 사랑해?"라고 묻는 아이에게 사랑한다고 말하면서 아이를 제대로 쳐다보지 않고 다른 일에 몰두하거나, 무표정한 얼굴로 대답한다면 아이는 엄마의 사랑을 전혀 느낄 수 없지요. "너도 속상했지."라고 말로는 공감하면서 살짝 한숨을 쉰다면, 아이에게 재미있게 놀라고 말하면서 얼굴을 찡그리고 있다면, 아이는 부모의 말을 믿기 어렵습니다. 친구와 사이좋게 지내라면서 엄마 아빠는 자주 다투거나, 열심히 공부하라고 말하면서 부모는 스마트폰만 보고 있을 때도 마찬가지입니다. 부모의 언어와 비언어가 일치하지 않을 때 아이는 비언어적 신호를 더 믿습니다. 아이들이 커 가면서 "엄마는 몰라도 돼."라는 말을 하거나, 게임을 하면서 혼자 밥을 먹겠다거나, 말과 행동이 다른 모습을 보이는 것은 부모의 행동에서 보고 배운 것일 수도 있습니다.

아이를 훈육할 때도 말의 내용과 표정, 말투가 일치하는 대화를 해야 합니다. 아이의 잘못에 대해 말할 때 부모가 온화한 표정을 지으면, 아이는 자신의 행동에 대한 문제를 인식하지 못하고 부모가 그냥 해 보는 말로 받아들이게 됩니다. 아이의 잘못을 제대로 가르치고 싶다면, 잘못한 점을 분명히 말하고 정색한 표정을 짓는 것이 좋습니다. 만약 아이가 짜증 난다고 엄마를 때리면서 떼를 쓴다면 정색한 표정으로 아이의 눈을 보며 낮고 차분한 목소리로 천천히 말해 주세요.

아무리 짜증이 나도 사람 몸을 때려서는 절대 안 돼. 엄마 말 따라 해 봐.
절대 때리면 안 돼. 어떤 상황에서든 말로 해야 해.

두 번째 꼭 필요한 부모의 대화 습관은 이중 메시지를 사용하지 않는 것입니다. 이중 메시지란 두 가지 이상의 모순된 메시지를 동시에 전달하는 의사소통 방식을 말합니다. 예컨대 밥 먹는 아이에게 "꼭꼭 씹어서 천천히 먹어."라고 말해 놓고, 먹는 시간이 조금 길어지면 "빨리 좀 먹어!"라고 말하는 것이 바로 이중 메시지입니다. 첫 번째 대화 습관이 언어와 비언어의 일치라면, 이번에는 한 입으로 두말하지 않기, 한 가지 일에 대해 앞말과 뒷말 일치시키기를 뜻합니다.

"어이구, 왜 이렇게 못생겼어. 너무너무 사랑해."라고 한다면 어떨까요? '못생겼다'라는 말은 외모를 흉보는 말인데, 그 뒤에 사랑한다고 말하면 아이는 부모 말의 속뜻을 잘 이해할까요? 전혀 그렇지 못합니다. 그러니 "너무 귀여워. 진짜 진짜 사랑해."라고 말하는 게 맞습니다.

유튜브 영상을 보겠다는 아이에게 안 된다고 여러 번 말해도, 아이가 계속 칭얼대며 요구하면 부모는 지쳐서 "아휴, 네 마음대로 해!"라고 말합니다. 그러면 아이는 신이 나서 대뜸 유튜브 영상을 보기 시작합니다. 아이는 그저 부모가 마음대로 하라고 했으니 하고 싶은 대로 한 것이지요. 부모는 이런 상황이 기가 막혀서 유튜브 영상을 보는 아이를 더 크게 혼냅니다. 아이는 혼란스럽습니다. "마음대로 하라고 해놓고 혼내잖아요. 진짜 이상해요."

부모가 아이에게 이런 이중 메시지를 자주 전달하면, 아이는 어떤 메시지가 진짜인지 몰라 혼란과 불안을 느낍니다. 자신이 한 행동에 어떤 피드백이 올지 몰라 긴장하고 위축된 태도를 보이며, 상대방의 눈치를 보거나 결정을 주저하게 되지요. 따라서 아이의 자존감에 큰 문제가 생기고 사회적 상호작용에서도 어려움을 겪게 됩니다. 그런 까닭에 이중 메시지는 '이중 구속'이라 말하기도 합니다. 이 용어를 처음 사용한 미국의 정신과 의사 그레고리 베이트슨(Gregory Bateson)은 한 가지 메시지를 주고 동시에 그 메시지를 부정하는 메시지를 주는 식의 의사소통이 지속된다면, 조현병의 원인이 될 수도 있다고 설명하였습니다.

따라서 부모는 한 가지 사안에 대해 일관된 메시지를 전달해야 합니다. 그래야 아이가 분명한 행동의 경계를 받아들이고 마음을 조절할 수 있습니다. 만약 아이가 계속 유튜브 영상을 보겠다고 칭얼거린다면 명확히 이렇게 말해야 합니다.

네가 아무리 떼쓰고 짜증 내도 지금은 유튜브 영상을 볼 수 없어. 오늘은 네가 볼 수 있는 시간을 다 썼어. 심심하면 다른 걸 할 수 있어.

세 번째 꼭 필요한 부모의 대화 습관은 문제없는 상황에서의 대화입니다. 평소 아이와 어떤 대화를 자주 하시나요? 대화법에 관한 많은 책들이 아이에게 문제가 생겼을 때 필요한 대화 방법을 알려 주고 있습니다. 그런데 사실 아이에게 늘 문제가 발생하는 것은 아닙니다. 아이의 행동에 대해 고민을 토로하는 부모는 대개 "아이가 맨날 짜증을 내요.", "하루 종일 형제자매가 싸워요."라고 표현하지만, 사실 아이가 짜증 내고 다투는 시간은 그리 많지 않아요. 정확히 관찰해서 시간을 재 보라고 하면 하루에 30분이 채 되지 않지요.

그렇다면 아무 문제가 발생하지 않고 평범한 일상을 보낼 때 부모는 아이와 어떤 대화를 하고 있나요? 평범한 일상에서 생각을 키우고, 새롭게 배우기를 즐기고, 책을 즐겨 읽고, 즐겁게 놀 줄 아는 아이로 키우려면 어떤 대화가 필요할까요? 많은 부모들에게 아이가 별문제 없이 잘 놀고 있을 때 어떤 말을 해 주는지 질문하면, "아무 말도 안 하는데요."라는 대답이 돌아옵니다.

이는 잘 자라고 있는 식물에 물도 주지 않고 햇빛도 비춰 주지 않은 채 방치해 놓은 것과 마찬가지입니다. 이렇게 계속 시간이 흐른다면 식물은 마르고 병들 거예요. 아이가 바람직한 모습을 보일 때가 바로 부모의 진심 어린 말이 필요한 순간입니다. 가장 중요한 부모의 역할, 즉 아이의 태도와 행동을 지지하는 역할을 할 때입니다.

───── 블록 놀이를 꼼꼼히 잘하는구나.

- 그림 그릴 때 정말 열심히 그리네.
- 한글 쓰기도 순서대로 잘하네.
- 너무 기특해. 대견해. 훌륭해.
- 동생하고 오손도손 잘 노네. 사진 찍어서 아빠(엄마)에게 보내 줘야지.

편안한 상황에서도 아이의 행동을 관심 있게 지켜보며 아이의 바람직한 행동을 지지해 주세요. 이런 대화를 통해 아이는 기분 좋게 자기 할 일에 집중하는 힘을 기를 수 있습니다.

*

자존감이 쑥쑥 자라는
그림책 심리독서

단단한 내면을 키우는 심리독서 대화법

자존감을 키우기 위한 다양한 심리 기법들이 소개되고 있지만, 그중에서도 으뜸은 그림책 심리독서입니다. 부모가 그림책을 읽어 주고 아이의 감정과 생각에 영향을 미치는 유용한 질문과 대화를 나누면, 아이의 지식 확장과 정서 발달에 도움이 될 뿐 아니라 자신에 대해 성찰하고 긍정적인 사고를 할 기회를 제공할 수 있습니다.

그렇다면 그림책을 읽고 어떤 대화를 나누어야 아이의 자존감에 긍정적인 영향을 줄 수 있을까요? 사실 그림책 심리독서 대화법은 그리 복잡하지 않습니다. 몇 가지 원칙과 그에 맞는 질문법을 익혀서 활용하면 아이의 마음에 깊은 울림을 줄 수 있어요. 다음은 어떤 그림책에든 적용할 수 있는 일곱 가지 심리독서 질문입니다.

- 등장인물 중 누가 제일 마음에 드니? 누가 제일 싫어?
- ○○(등장인물 중 한 명)은 이럴 때 어떤 감정을 느꼈을까?
- 그런 감정을 느낀 이유가 뭘까?
- 네가 ○○이라면 솔직하게 말할 수 있을까?
- ○○에게 어떤 말을 해 주면 위로가 될까?
- 다음엔 어떻게 하면 좋을까?
- ○○에게 어떤 도움이 필요할까?

『거짓말이 뿡뿡, 고무장갑!』(유설화 글·그림, 책읽는곰, 2023년)을 읽어 보고 그림책 심리독서 대화를 진행해 보겠습니다. 장갑 초등학교에서 식목일에 씨앗을 심기로 합니다. 선생님이 가르쳐 준 대로 아이들은 조심조심 씨앗을 심어요. 고무장갑도 자기 화분에 정성껏 씨앗을 심었습니다. 일주일  이 지나자 다른 장갑 친구들의 화분에 싹이 돋기 시작했지만, 고무장갑과 때밀이 장갑의 화분에서는 싹이 나지 않았어요. 고무장갑은 실망했지만 더 열심히 화분을 돌봅니다.

그런데 며칠 뒤 때밀이 장갑의 화분에서도 싹이 났어요. 속상하고 샘이 난 고무장갑은 그만 반칙을 써 버립니다. 때밀이 장갑 화분의 이름표를 자기 이름표와 바꾼 것이죠. 그 사실을 모르는 친구들이 모두

축하하며 고무장갑이 이름표를 바꿔 놓은 화분에 관심을 갖기 시작합니다. 과연 고무장갑의 마음은 어떨까요?

이 책으로 그림책 심리독서 대화를 시작해 보겠습니다.

❶ 등장인물 중 누가 제일 마음에 드니? 누가 제일 싫어?

책을 읽으면 누구나 특정 등장인물의 마음에 공감하며 자신이 그 인물인 것처럼 느끼는 동일시 과정을 겪습니다. 그런데 꼭 주인공에게만 동일시되는 것은 아니에요. 아이에게 그림책의 여러 등장인물 중 가장 마음에 드는 인물은 누구인지, 가장 싫은 인물은 누구인지 먼저 물어보세요. 특정 인물이 좋거나 싫은 이유에는 아이의 마음이 반영되어 있습니다. 자신을 특정 인물과 동일시해서 그 인물이 성공적인 결과를 얻기를 바라기도 하고, 또 어떤 인물은 싫어서 벌 받기를 바라는 마음이 들기도 하지요.

등장인물에 대한 자신의 생각을 말하는 과정을 통해 아이는 미처 말하지 못한 마음속 이야기를 표현할 수 있고, 그렇게 말하는 것만으로도 속이 후련해지는 경험을 합니다. 아이가 책 속 인물에 대해 "누구는 잘난 척해서 싫어. 누구는 좋겠다."라는 말을 한다면 유치원에서 그런 경험을 해 본 적 있는지 질문하며 대화를 이어 가 보세요. 한 가지 질문에서 시작해 자연스럽게 아이와 긴밀한 소통을 하며, 우리 아이가 유치원에서 어떤 경험을 하고 어떤 것을 중요하게 생각하는지 알아볼 수 있는 좋은 기회가 될 겁니다.

❷ ○○은 이럴 때 어떤 감정을 느꼈을까?

등장인물의 감정을 짐작해 보는 대화를 나누어 보세요. "~한 상황일 때 ○○은 어떤 기분을 느꼈을까?"라는 기본 문장을 활용해 아이가 관심을 보이는 인물의 감정에 대해 질문해 보세요. "고무장갑은 자기 화분에 싹이 나지 않았을 때 어떤 감정을 느꼈을까?"처럼요. 아이가 고무장갑의 감정을 짐작하여 표현한 말은 아마도 아이 자신의 마음이 투영된 것이라 이해할 수 있습니다. 만약 아이가 자기 이야기를 편하게 할 수 있다면 "네가 고무장갑이라면 이름표를 몰래 바꾸었을 때 기분이 어떨까?"라고 아이의 마음을 알아보는 질문으로 연결해도 좋습니다. "불안해요. 떨릴 것 같아요. 들킬까 봐 겁나요." 등 자유롭게 감정을 표현하도록 유도해 주세요.

만약 아이가 감정을 잘 인식하지 못하거나 여러 감정들을 말로 정확하게 표현하는 걸 어려워한다면, 다양한 감정 단어 카드를 놓고 등장인물들이 느꼈을 감정을 찾아 보게 하는 것도 좋습니다. 이야기 속 인물들의 감정을 이해하고 표현하는 과정을 거치면, 아이는 점차 자신의 감정을 이해하고 표현하는 데도 능숙해집니다.

❸ 그런 감정을 느낀 이유가 뭘까?

감정 속에는 아주 중요한 것이 숨어 있습니다. 바로 그 감정을 느끼는 사람이 진짜 원하는 것입니다. 아이에게 등장인물이 느꼈을 감정에 대한 이유를 질문해 주세요. "이름표를 바꾼 이후 고무장갑이 화를 낸 이유는 뭘까?" 고무장갑은 친구가 무슨 말을 해도 화를 버럭버럭 냅니다. 그 이유는 분명 잘못을 들킬까 봐 겁이 나고 불안해졌기 때문이지요. 그렇다면 고무장갑이 불안해진 진짜 이유는 자신이 저지른 잘못을 들키지 않기를 바랐기 때문일까요? 그렇지 않습니다. 나쁜 행동을 하고 마음이 불편한 이유는 나쁜 행동 대신 좋은 행동을 하고 싶은 진심이 있었기 때문이지요.

주인공이나 아이가 선택한 등장인물 외에 다른 인물들이 느꼈을 감정과 그 이유를 생각해 보는 질문도 좋습니다. 점점 가스가 차며 부풀어 오르는 고무장갑을 보면서 친구들은 모두 걱정을 합니다. 이 대목에서 아이에게 이렇게 물어보세요. "친구들이 고무장갑을 걱정하는 이유는 뭘까?" 분명 고무장갑이 별 탈 없고 잘 되기를 바라는 마음 때문이겠지요.

등장인물들의 감정 속에 숨어 있는 이유를 질문하고 생각해 보는 대화를 꾸준히 하다 보면, 아이는 자신의 감정도 잘 살피면서 자신이 진짜 바라는 것이 무엇인지 깨닫게 됩니다. 그런 과정을 거쳐야 아이는 자신의 진정한 마음을 이해하고 그에 적절한 행동을 하며 스스로를 돌볼 수 있습니다. 이것이 바로 자존감을 키우는 과정이지요. 뿐만 아니라, 다른 사람의 감정을 읽고 그 마음과 입장을 헤아리며 적절한 행동을 하도록 도와주어 아이의 공감 능력과 사회성도 길러 줄 수 있습니다.

❹ 네가 ○○이라면 솔직하게 말할 수 있을까?

자존감이 높은 사람은 자신이 실수나 잘못을 했을 때도 솔직하게 말할 수 있는 힘을 가졌지요. 그래서 유아기부터 아이가 솔직하게 말하는 연습을 하도록 하는 것이 매우 중요합니다. 이 책에서는 고무장갑이 자신의 잘못을 솔직하게 말하지 못하는 바람에 경험하는 신체 증상이 아주 잘 표현되어 있습니다. 식은땀이 흐르고, 마른침을 꼴깍 삼키고, 말을 더듬고, 버럭 소리를 지릅니다. 증상이 점점 심해져 배가 바늘로 찌르는 것처럼 콕콕 쑤시고 부글부글 가스가 차오르지요. 추상적인 감정 단어를 배워 가는 아이들에게 이런 몸의 증상을 설명하면서 그게 바로 '불안, 두려움, 걱정, 초조'라는 감정이라는 것을 알려 주는 게 좋습니다.

고무장갑의 신체 증상과 감정을 설명한 다음에 "고무장갑에게 어떤 말을 해 주고 싶니?"라고 아이에게 물어봐 주세요. 분명 제발 솔직하게 말하라는 대답이 나오겠지요. 솔직하게 말한 뒤에야 몸과 마음이 구름처럼 가벼워진 고무장갑을 보면서 아이에게 질문해 주세요. "네가 고무장갑이라면 솔직하게 말할 수 있을까?" 의외로 솔직하게 말하지 못하는 아이들이 무척 많습니다. 이런 아이들은 마음을 있는 그대로 말하는 법을 배우지 못했거나, 솔직하게 말하면 더 혼날 수도 있다는 생각을 가지고 있지요. 이런 상황을 지혜롭게 풀어 가는 내용의 책을 읽고 이야기 나누는 과정을 거친다면, 아이도 '솔직하게 말하는 것이 이롭다.'라는 새로운 생각을 키워 갈 것입니다.

❺ ○○에게 어떤 말을 해 주면 위로가 될까?

사춘기 청소년 아이들과 상담을 하다 보면 가장 많이 듣는 말이 있습니다. "내가 힘들 때 엄마 아빠가 한 번도 위로해 준 적 없어요." 부모는 과연 한 번도 위로해 주지 않았을까요? 꼭 그렇지는 않을 거예요. 하지만 마음이 힘겨운 아이는 부모에게 위로받은 기억은 모두 사라지고 상처받은 기억만 강하게 인식하는 경향이 있습니다. 따라서 아이의 마음에 아로새겨져, 위기의 순간마다 꺼내 보고 위안 삼을 수 있는 위로의 말이 필요합니다.

위로가 되는 말은 아이마다 조금씩 다릅니다. 각 등장인물에게 어떤 말이 위로가 될지 아이와 대화를 나누어 보세요. 만약 아이가 고무장갑에게 "괜찮아. 조금만 기다리면 네 화분에서도 싹이 날 거야."라고 위로해 주고 싶어 한다면, 아이는 부모에게 "네가 익숙해질 때까지 엄마 아빠가 충분히 기다려 줄게."라는 말을 듣고 싶다는 표현일 거예요. 이런 질문과 대화로 우리 아이의 마음이 힘들 때 어떤 말이 위로가 되는지에 대한 중요한 힌트를 얻을 수 있어요.

고무장갑은 솔직히 털어놓고 나서 몸도 마음도 구름처럼 가벼워졌지만, 현실에서 솔직하게 잘못을 고백한 아이는 친구들 얼굴을 보기가 쉽지 않지요. 그래서 부모가 아이에게 이렇게 말해 주면 좋겠습니다. "엄마는 잘못을 고백한 고무장갑에게 솔직하게 말해 줘서 고맙다고 얘기하고 싶어." 엄마의 말이 마치 자신에게 건네는 말처럼 느껴져 우리 아이도 솔직해지는 용기를 키울 수 있을 거예요.

202

❻ 다음엔 어떻게 하면 좋을까?

아이들은 끊임없이 경험하고 배우며 성장합니다. 그런데 오늘 겪은 문제가 며칠 뒤에 또 발생할 수 있어요. 한 번 배웠으면 다음엔 잘 하면 좋겠지만, 아이의 행동이 그리 쉽게 바뀌기는 어렵지요. 따라서 한 번의 경험으로 깨달은 점을 이후 비슷한 상황에서 어떻게 적용할지 미리 대화를 나누어 아이에게 마음의 준비를 하도록 하는 것이 매우 중요합니다.

"고무장갑은 다음에 또 이런 상황이 되면 어떻게 하면 좋을까?"라고 질문해 주세요. 아이는 "처음부터 거짓말을 하지 않아요. 솔직하게 말해야 해요."라는 대답을 할 거예요. 바로 이런 대화를 통해 우리 아이의 거짓말을 하고 싶은 갈등, 속여서라도 이기고 싶은 마음을 미리 예방하고 솔직한 마음을 강화시켜 줄 수 있습니다.

이 대화는 책의 다양한 인물들에 적용해서 해 보아도 무척 효과적입니다. 고무장갑의 화분에 싹이 나지 않았을 때 "잘난 척하더니만."이라고 말하는 레이스 장갑, 싹을 키우는 데 관심이 없는 때밀이 장갑, 때밀이 장갑을 놀리는 쌍둥이 장갑 등을 대입시켜 질문해 보세요. "○○은 다음에 어떻게 하면 좋을까?"라는 질문으로, 우리 아이가 건강한 생각을 다지고 올바른 행동을 하도록 이끌어 줄 수 있습니다.

❼ ○○에게 어떤 도움이 필요할까?

아이들은 아직 부모와 어른들의 도움이 필요합니다. 그렇다고 해서 부모가 아이의 몫까지 모두 가져가서 대신 고민하고 걱정하면서 아이를 수동적인 존재로 머물게 하는 건 바람직하지 않습니다. 그리고 많은 어른들이 하는 실수 중 하나가 바로 도움을 줄 때 아이에게 물어보지 않고 일방적으로 개입하는 것입니다.

아이들은 문제 상황에서 자신에게 어떤 도움이 필요한지 파악하고 이를 요청할 수 있어야 합니다. 이는 문제 해결력과 자기 유능감을 기르는 과정이기도 하지요. 뿐만 아니라, 그림책을 통해 다른 사람의 문제 상황을 살펴보고 그 사람의 입장에서는 어떤 도움이 필요한지 생각해 보는 것은 아이의 공감 능력과 사회성을 기르는 데도 도움이 됩니다.

아이에게 이런 질문을 해 보세요. "고무장갑에게는 애초에 어떤 도움이 필요했을까?" "수업에 관심 없는 때밀이 장갑에게는 어떤 도움이 필요할까?" 각 인물들에게 어떤 도움이 필요한지 질문하다 보면, 아이들이 참 기특한 생각을 하는 것을 종종 확인하게 됩니다. "고무장갑은 씨앗을 잘못 심은 거 아니에요? 제대로 심는 것부터 가르쳐 줘야죠." "때밀이 장갑은 선생님 말씀 잘 듣고 열심히 배워야 해요."

이런 대화를 활용해 그림책 심리독서를 진행해 보세요. 항상 똑같이 질문하지 않아도 괜찮습니다. 책에 따라 혹은 아이의 상황에 따라 기본 질문을 바탕으로 응용해서 대화한다면 우리 아이의 자존감이 쑥쑥 자라는 모습을 확인할 수 있을 겁니다. 이제 좀 더 구체적인 자존감을 키우는 그림책 심리독서법에 대해 알아보겠습니다.

신체 자존감을 키우는 그림책 심리독서

보통 유아기 아이들은 신체 자존감에 대한 인식이 별로 없다가 어린집이나 유치원에서 단체 생활을 하면서 자신의 몸을 인식하기 시작합니다. 아직 어려서 타인의 마음을 잘 알지 못해 아무 생각 없이 "넌 왜 이렇게 작아?"라며 외모 지적을 하는 친구의 말을 듣기도 하고, 친구들과 함께 다양  한 활동을 하면서 아이들 간 신체 능력의 차이를 체감하거나 혹은 비교당하기도 하지요. 아이가 자신의 외모나 신체적 능력에 대해 부정적인 이미지를 갖게 되었다면, 『완두』(다비드 칼리 글, 세바스티앙 무랭 그림, 이주영 옮김, 진선아이, 2018년)를 읽어 주세요.

완두는 태어날 때부터 몸집이 완두콩처럼 작은 아이입니다. 엄마가 옷을 직접 만들어 주고, 인형의 신발을 빌려 신고, 성냥갑을 침대로 쓸 정도로 작았어요. 완두는 학교에 다니기 시작하면서 자기가 너무 작고 친구들에 비해 제대로 할 수 있는 게 별로 없다는 사실을 깨닫게 됩니다. 이 장면에서 멈추고 아이와 그림을 살펴보며 완두의 모습과 주변 환경에 대해 이야기 나누어 보세요.

──── 완두가 큰 친구들 사이에서 자기 몸집만 한 책가방을 들고 바닥만 보고 있네. 완두는 어떤 마음일까?

──── 의자 위에 책을 세 권이나 쌓고 그 위에 앉아야 겨우 책상 위가 보이네. 이때 완두는 무슨 생각을 할까?

──── 너도 혹시 완두처럼 느낀 적 있니?

──── 완두는 이제 어떻게 할까? 앞으로 무얼 할 수 있을까?

아이들의 마음을 듣다 보면 참 놀랍게 느껴지는 것이 있습니다. 아이가 현재 자신의 마음 상태를 투영해서 다음 일들을 예측한다는 점입니다. 마음이 힘겨운 아이들은 늘 부정적인 결과를, 자존감이 높고 사회성이 좋은 아이들은 힘든 상황에서도 새롭고 긍정적인 결과를 예측합니다.

따라서 주인공의 힘든 마음에 공감하는 과정은 갖되, 아이가 힘겨운 마음에만 머물지 않도록 부모가 대화를 잘 이끌어 주어야 합니다. 분위기를 바꾸어 엄마 아빠가 완두의 부모라면 어떻게 할 거라는 이야기도 건네면서 완두에게 어떤 도움을 주어야 완두가 힘을 낼 수 있을지 여러 가지 방법들을 떠올려 보는 것도 좋아요. 엄마 아빠가 완두를 위하여 만드는 이야기들이 바로 아이 인생의 시나리오로 자리 잡게 된다는 사실을 기억하면 좋겠습니다. 그럼 우리 아이도 나보다 힘세고 키 크고 더 잘생긴 아이와 자신을 비교하며 속상해하는 대신, 자기만의 강점을 발휘하는 방법을 찾는 적극적인 아이가 될 거예요.

혹시라도 아이가 자신이 키가 작아
서, 못생겨서, 혹은 뚱뚱해서 아무것
도 못 한다는 생각을 한다면, 『안나는
고래래요』(다비드 칼리 글, 소냐 보가예
바 그림, 최유진 옮김, 썬더키즈, 2020년)를
읽어 주세요. 통통한 안나는 수영장
에 뛰어들 때 엄청난 물보라를 일으켜, 친구들이 "안나는 고래래요, 고
래."라고 놀립니다. 친구들의 놀림 때문에 자책하는 안나는 자기가 물
에 들어가면 쓰나미를 일으킨다고 생각합니다.

안나는 어떤 위로를 듣고 싶었을까?

이 질문은 외모와 관련된 문제로 고민하는 안나에게 공감하며, 어떤
위로가 필요할지 묻는 질문입니다. 사실 대부분의 아이들이 자신의 외
모에 대해 불만을 가지고 있습니다. 그런 점을 감안해 보면, 이 질문에
대한 답은 아이 자신이 듣고 싶은 위로의 말이기도 하지요.

안나가 진짜 바라는 건 무엇일까?

아이의 생각이 깊어진다는 건 바로 이 부분까지 생각해 보는 것입니
다. 물론 아직 어린아이들이 이야기를 읽는 도중에 이런 생각을 미리

하기는 어렵지요. 그래서 부모가 먼저 중요한 생각의 실마리가 될 수 있는 질문을 하며 아이가 더 깊이 생각하도록 이끌어 주는 것이 필요합니다. 이렇게 미리 생각해 보고 다음 이야기를 읽어 본다면, 아이는 안나에게 더욱 깊이 공감하며 진정으로 안나에게 도움 되는 말을 해 주고 싶은 마음이 들게 됩니다. 그리고 안나의 이야기를 통해 스스로도 위로받고 힘을 얻을 수 있지요.

다행히 수영 선생님은 안나에게 중요한 게 무엇인지, 안나가 진심으로 바라는 게 무엇인지 명확하게 알고 있습니다. 그래서 선생님은 주눅 든 안나에게 이렇게 말하지요.

안나야, 뭐가 문제니?
혹시 수영을 좋아하지 않니?
넌 수영을 참 잘하는데 말이야.

선생님은 명쾌하게 핵심만 말합니다. 안나가 수영을 좋아하고 잘한다는 것 외에 뭐가 중요하겠어요? 선생님은 하늘을 나는 새나 바다에서 헤엄치는 물고기가 자신이 무겁다는 생각은 전혀 하지 않듯, 수영을 잘하고 싶다면 '난 가볍다.'라는 생각에 집중하라고 안나에게 조언합니다. 안나는 선생님 덕분에 완전히 다르게 생각하기 시작했어요. 이제 자신이 물이 된 듯한 느낌을 갖게 됩니다. 이렇게 자신의 외모에 대한 인식을 바꾼 안나는 완전히 달라집니다. 아이와 함께 책을 읽으며 안나의 변화를 함께 경험해 보세요. 우리 아이의 마음도 안나와 함께 커 가게 될 겁니다.

혹시 축구를 좋아하는 우리 아이가 자신은 키가 작아 달리기도 느리고 힘도 약하다며 속상해한다면, 『안나는 고래래요』를 따라 이렇게 대화해 보세요.

뭐가 문제니? 넌 축구를 좋아하잖아. 그래서 축구를 안 할 거야? 아니지?

축구를 계속 하고 싶지? 그것만 생각해. 키 작은 축구선수들도 무척 많단다.

정서 자존감을 키우는 그림책 심리독서

그림책으로 아이의 정서 자존감을 키우고 싶다면, 가장 먼저 심어 주어야 하는 마음은 '나를 알고 사랑하는 마음'입니다. 아이 스스로 '나는 내가 좋아. 사람들도 나를 좋아해. 나는 잘하고 있어. 나는 능력 있는 사람이야.'라는 마음을 가질 수 있도록 도와주어야 하지요.

혹시 아이가 실수하거나 친구에 비해 못한다고 생각할 때 쉽게 실망하고 좌절하나요? 잘하지 못할 것 같은 일이나 도전적인 일을 맞닥뜨렸을 때 시도조차 하지 않고 회피하지는 않나요? 그럴 땐 아이에게

『나는 (   ) 사람이에요』(수전 베르데 글, 피터 H. 레이놀즈 그림, 김여진 옮김, 위즈덤하우스, 2021년)를 읽어 주세요. 새로운 시각으로 자신을 바라보는 연습을 하며 아이의 정서 자존감을 높여 줄 있습니다.

제목이 참 흥미롭습니다. 아이에게 책 표지에 쓰인 '나는 (   ) 사람이에요'라는 제목을 보여 주고 괄호 안을 채우는 놀이를 먼저 해 보세요. 엄마 아빠도 괄호 안을 채워 주세요. 우리 아이는 과연 어떤 말로 괄호 안을 채울까요? 자존감이 낮은 아이라면 부정적인 말을 먼저 떠올릴 거예요.

나는 세상에 태어났어요. 기적 같지 않나요? 수십억 사람 중에 나는 오직 하나뿐이에요.

"수십억 사람 중에 나는 오직 하나뿐"이라는 말은 아이로 하여금 자신이 특별하다는 생각이 들게 합니다. 책 속에는 다음의 문장들도 나옵니다. 천천히 읽으며 아이와 대화해 보세요.

나는 끊임없이 배워요.
    넌 오늘 무얼 배웠어?

나만의 길을 찾고, 내게 꼭 맞는 오솔길로 향해요.
    ○○을 할 때 너만의 방법은 뭐야?

나는 호기심이 퐁퐁 샘솟아요.
······ 오늘은 어떤 것에 호기심이 생겼니?

이런 대화가 오늘 하루를 사는 나에 대한 특별한 느낌을 일깨워 주고, 나만의 방법으로 나를 찾아 가도록 이끌어 아이에게 건강한 자존감이 뿌리내리도록 도와주지요.

아이들이 늘 잘하는 건 아닙니다. 어려운 일도 많고 두려움도 많아서 자꾸 주춤거리게 되지요. 실수로 다른 사람의 마음을 아프게 하고, 자신도 상처를 받습니다. 안타깝게도 아직 세상 경험이 적은 아이들이 작은 실수와 실패를 너무 크게 받아들여 자존감을 잃게 되는 경우가 무척 많습니다. 어린아이라 마음의 상처나 고통이 크지 않을 거라고 쉽게 생각하면 안 됩니다. 아주 어릴 때부터 자신에 대한 부정적인 생각이 계속 쌓이면 자존감이 손상되어 아무것도 시도하지 않는 소극적인 아이로 성장할 위험이 커집니다.

이 책은 자신의 완벽하지 않은 모습까지도 받아들일 수 있는 넓은 시야로 아이가 스스로를 돌아볼 수 있도록 도와줍니다. 다양한 자신의 모습에서 무한한 가능성과 희망을 찾고 노력한다면, 오직 하나뿐인 특별한 '내'가 될 수 있다는 깨달음을 선사하지요. 또 오늘 하루가 엉망이 될까 봐 불안하다면, 나에게 베푸는 조그만 친절로 얼마든지 근사한 날로 만들 수 있다는 사실도 알려 줍니다. 아이가 책 속의 문장 하나하나를 마음속에 기억하고 되뇌다 보면, 자신에 대한 부정적인 시각이 긍정적으로 바뀌고 자신을 사랑하는 마음인 정서 자존감이 단단하게 자랄 거예요.

우리나라 부모들이 자주 하는 실수 가운데 아이의 정서 자존감 발달을 방해하는 것이 있습니다. 바로 아이에게 착한 행동을 강요하는 것입니다. 아이가 좋은 행동 한 가지를 하면 어른들은 모두 이렇게 칭찬합니다. "참 착하네."

원래 '착하다'는 언행이나 마음씨가 곱고 바르며 상냥하다는 의미이지만, 관습적으로 사용되는 '착하다'의 의미는 거기서 더 나아가 양보와 배려를 잘한다는 뜻입니다. 양보와 배려가 매우 중요한 가치이긴 하지만, 유아기는 아직 자기 돌보기를 먼저 배워야 하는 시기입니다. 그런 시기의 아이에게 타인을 배려하는 것을 먼저 가르친다면, 아이는 자신의 마음을 접어 두고 희생을 먼저 배울 가능성이 높습니다. 그래서는 아이의 마음이 건강하게 자라기 어렵습니다.

어느새 착하게만 행동하는 우리 아이의 모습이 안타깝게 여겨진다면, 『착한 달걀』(조리 존 글, 피트 오즈월드 그림, 김경희 옮김, 길벗어린이, 2022년)을 읽어 주세요. 착한 달걀은 늘 남을 도와주고 양보합니다. 그런데 다른 달걀들과 같은 지붕에 살게 되면서, 자신과 전혀 다른 모습으로 살아가는 친구

들을 맞닥뜨립니다. 친구들은 장난도 심하고 심술을 부리며, 모든 일을 엉망으로 만들기 일쑤입니다. 이런 상황에서도 착한 달걀은 여전히 착한 행동을 합니다. 책을 읽으면서 아이에게 다음과 같이 질문하고 대화를 나누어 보세요.

— 착한 달걀을 보며 무슨 생각이 들어?
— 친구들이 착한 달걀에게 어떻게 대해 주면 좋겠니?
— 착한 달걀에게 무슨 말을 해 주고 싶어?
— 착한 달걀이 어떻게 하면 좋겠어?

만약 우리 아이가 너무 착한 행동만 하려고 한다면, "넌 왜 착하게 행동해야 한다고 생각해?"라고 질문해 주세요. 만약 아이가 "내 마음 대로 하면 친구들이 싫어할까 봐."라는 말을 한다면, 지나치게 친구를 배려하느라 자신의 모습이 망가져 버리는 착한 달걀의 이야기가 필요할 거예요. 혹은 반대로 아이가 착한 친구들을 무시하고 친구의 배려를 당연하게 받아들이고 있다면, "도움을 받기만 하는 건 옳지 않아. 한번 도움을 받으면 너도 한번 도움을 주는 거야."라고 가르쳐 주세요. 이렇게 서로 다른 입장에서 착한 행동에 대해 생각해 보는 과정도 필요합니다.

'착하다'라는 단어의 원래 뜻대로 바르고 상냥한 태도는 무척 중요합니다. 하지만 단어의 뜻에 갇혀, 아이가 자기 자신을 돌보지 못하게 되면 그 마음은 절대 건강하게 자라기 어렵습니다. 이제 착하기만 한 우리 아이에게는 이렇게 말해 주세요.

너를 먼저 돌보고, 힘이 남을 때 남을 도와주는 거야. 순서가 바뀌면 안 돼.

아이의 정서 자존감은 자신을 돌보는 것에서 시작된다는 사실을 아이도 깨달을 수 있게 도와주시기 바랍니다. 부모의 지혜로운 대화를 통해 아이가 자신을 돌보며 친구도 도와주는 성숙한 모습으로 성장할 수 있을 거예요.

인지 자존감을 키우는 그림책 심리독서

아는 것은 분명히 힘이 됩니다. 친구들은 다 아는데 나만 모른다고 느끼면 아이의 마음은 위축되지요. 다만 이를 아이의 한글·수학·영어 실력을 높여야 한다는 뜻으로 오해하면 안 됩니다. 아이가 좋아하고 관심을 보이는 것에 대한 지식을 쌓고 여기에 자신의 아이디어를 보태어 새로운 것을 창조하려는 마음인 인지 자존감을 키워야 한다는 의미입니다.

인지 자존감을 높이기 위한 그림책 심리독서를 할 때는 유의해야 할 점이 있습니다. 다양한 소재의 그림책을 이것저것 제공하는 게 아니라, 아이의 관심사에 맞는 소재를 다룬 다양한 장르의 그림책을 제공하는 게 더 좋습니다. 자동차를 좋아하는 아이라면 자동차가 나오는 다양한 장르의 그림책을 제공해 주세요.

『자동차 타는 여우』(수잔네 슈트라서 글·그림, 윤혜정 옮김, 푸른숲주니어, 2021년)

『달려라, 꼬마 자동차!』(수 플리스 글, 에드워디언 테일러 그림, 김은재 옮김, 에듀앤테크, 2020년)

『슈퍼출동! 공룡 자동차』(페니 데일 글·그림, 김현희 옮김, 사파리, 2021년)

『세상이 자동차로 가득 찬다면』(앨런 드러먼드 글·그림, 유지연 옮김, 고래이야기, 2020년)

『자동차 박물관』(김혜준 글, 김보경 그림, 초록아이, 2021년)

『분주한 자동차 정비소』(캐런 브라운 글, 찰리 데이비스 그림, 고영이 옮김, 사파리, 2021년)

『자동차 바퀴의 비밀』(양승숙 글, 한수민 그림, 사물의비밀, 2021년)

제목만 봐도 다양한 장르의 책이라는 걸 알 수 있습니다. 아이가 단순히 자동차 종류뿐만 아니라, 자동차 바퀴, 자동차 정비소 등에 관해 깊고 다양한 지식을 알게 되고, 더 나아가 세상이 자동차로 꽉 찬다면 어떤 일이 벌어질지에 대해서도 상상해 본다면, 아이의 인지 자존감은 더 성숙해질 거예요.

세상에는 다양한 지식과 깨달음이 있다는 사실을 배우며 아이들은 인지 자존감을 키워 나갑니다. 『내가 잘하는 건 뭘까』(구스노키 시게노리 글, 이시이 기요타카 그림, 김보나 옮김, 북뱅크, 2020년)의 주인공은 선생님이 '내가 가장 잘하는 것'을 써 보라고 말씀하시자 고민에 빠집니다.

아무리 생각해 봐도 혼난 일밖에 없었거 든요. 달리기를 잘하는 친구, 노래를 잘 부르거나 발표를 잘하는 친구, 밥 잘 먹고 힘이 센 친구가 누군지는 확실히 알겠지만, 자신이 잘하는 건 하나도 찾지 못해 눈물이 날 지경이었습니다.

아이들은 아직 구체적으로 눈에 보이는 것에 대한 개념만 확실하게 인지하는 단계이기 때문에 '네가 가장 잘하는 게 뭐니?'라고 물으면 곧바로 대답하기 힘듭니다. 이 책의 주인공처럼 아이가 자신의 능력을 친구들의 능력과 비교하며 잘하지 못한다고 실망할 땐 '다중지능' 개념을 알려 주세요.

다중지능이란 미국 심리학자 하워드 가드너(Howard Gardner)가 제시한 지능 이론으로 인간의 지능이 여러 능력으로 구성된다고 강조하며, 언어 지능, 논리수학 지능, 공간 지능, 신체운동 지능, 음악 지능, 자연친화 지능, 자기이해 지능, 대인관계 지능의 총 여덟 가지 지능 유형을 설명합니다. 각 지능의 이름만으로도 어떤 지능인지 쉽게 짐작이 됩니다. 학습에 직접적인 영향을 주는 언어적, 논리·수학적 능력만 중요하게 생각하던 기존의 지능 관점에서 벗어나게 해 주는 이론이지요. 이렇게 다양한 지능이 있다는 개념 자체만으로도 부모는 아이를 새로운 관점으로 이해할 수 있습니다.

이제 아이에게 다중지능 개념을 구체적인 대화로 설명해 줄 차례입니다. 자신에게 타고난 능력이 있다는 것을 알게 되면 참 든든합니다. 우리 아이는 어떤 지능에 강점이 있나요? 다중지능 연구에서 가장 주목할 점은 다양한 영역에서 성공한 사람들은 모두 자신의 강점을 잘 알고 이를 활용할 줄 아는 '자기이해 지능'이 높았다는 사실입니다. 단, 타고난 능력만 칭찬하면 부작용이 따를 수 있다는 것은 앞에서 설명해서 잘 알고 있을 거예요. 따라서 아이에게 어떤 강점이 있는지 알려 주되, 그 능력을 발전시키려면 연습과 노력이 뒤따라야 한다는 사실도 함께 말해 주는 것이 중요합니다.

…… 엄마가 보기에 넌 운동 능력을 타고 났어. 열심히 연습하니 점점 더 잘하는구나.
…… 길을 잘 찾는 걸 보니 공간 지능이 무척 좋은 것 같아. 오늘 다녀온 길을 지도로 그려 볼까?
…… 네가 가진 능력을 잘 발전시키려면 꾸준한 노력과 연습이 필요하단다. 잘 기억하렴.

인지 자존감을 키우는 좋은 방법 중 하나는 생각하는 즐거움과 정답을 맞히는 성취감을 맛보는 것입니다. 어떤 사건의 범인이 누구일지 생각해 보고 근거를 찾아 추리하는 과정은 생각하는 즐거움을 배우는 좋은 방법입니다. 『멍멍이 탐정과 사라진 케이크』(카테리나 고렐리크 글·그림, 김여진 옮김, 토토북, 2022년)를 읽어 보세요.

둘도 없는 단짝인 피트와 밥은 뛰어난 탐정이에요. 둘은 거위 부인의 생일파티에 참석했다가 누군가가 케이크를 몰래 먹어 치워 파티를 망쳐 버린 사건을 목격합니다. 범인을 찾아 나선 피트와 밥은 드디어 아주 중요한 증거를 찾았어요. 아주 작은 이빨 조각이었습니다. 누가 첫 번째 수사 대상이 되었을까요? 바로 300개나 되

는 이빨을 가진 상어라고 하네요. 그런데 달팽이가 와서 자기 이빨은 2만 5천 개나 된다고 훈수를 둡니다. 그런데 두 탐정은 달팽이는 수사 대상에서 제외된다고 말해요. 이유가 뭘까요?

범인을 추리하는 과정도 재미있는데, 다양한 동물의 이빨에 관한 흥미로운 지식이 등장하며 아이들로 하여금 더 알고 싶은 욕구를 샘솟게 합니다. 독사는 날카로운 윗니를 평소 어떻게 보관할까요? 코끼리는 이빨이 몇 개일까요? 천산갑의 이빨은 입안에 없다고 하네요. 그렇다면 도대체 어디에 있을까요? 그리고 과연 케이크를 먹은 범인은 누구일까요?

아이와 함께 추리하며 지식이 늘어 가는 짜릿한 즐거움을 맛보시길 바랍니다. 아이가 분명 "이런 책 또 읽어 주세요."라고 외칠 겁니다. 아이의 인지 자존감이 높아지는 뿌듯한 순간이지요.

나답게 살아가는 힘을 키워 주는 그림책 심리독서

자존감의 핵심은 나답게 살아가는 힘을 키
우는 데 있어요. 따라서 '자신을 좋아한다'
는 것은 무엇을 의미하는지, 나의 다양한
특성을 어떻게 발전시켜 갈 수 있는지 아이
의 눈으로 확인하는 것이 무척 중요합니다.

인터넷을 검색해 보면, '나는 내가 좋아'
라는 식의 제목을 걸고 아이의 자존감을
키워 주는 법을 소개하는 책이 참 많습니다. 그런데 자세히 들여다보
면, '내가 어떤 일을 잘해서, 내가 사랑을 받기 때문에'라는 조건을 제
시하는 문장들도 꽤 많이 보입니다. 자신이 뭔가를 잘하기 때문에 좋
다는 생각도 필요한 때가 있지만, 그보다 우선 되어야 하는 것은 바로
'있는 그대로의 나'를 좋아하는 것이지요. 누군가의 평가 때문에 나 자
신을 좋아한다면, 그 평가가 나빠질 때 자존감은 속절없이 무너져 버
립니다.

『난 내가 좋아!』(낸시 칼슨 글·그림, 신형건 옮김, 보물창고, 2007년)는 그
런 개념을 가장 적절하고 흥미롭게 표현하고 있습니다. 몇 문장을 살
펴보겠습니다.

내겐 아주 좋은 친구가 있지. 그 친구는 바로 나야! (······)
난 나를 돌보고 가꾸는 걸 좋아해. (······)

아침에 일어나면, 난 나에게 말하지. "야, 참 멋지구나!" (······)

내 기분이 나쁠 때면, 난 스스로 기분을 좋게 만들지.

내가 넘어지려고 할 때면, 난 스스로 나를 일으켜 세워.

이 책에서는 자기 자신을 '가장 좋은 친구'라고 표현해 아이가 자신의 존재를 객관적으로 인식하도록 도와줍니다. 자신을 어떻게 돌보고 가꾸는지, 그리고 내가 나 자신에게 어떤 말을 하는지도 알려 주지요. 또 기분이 나쁠 때 스스로를 기분 좋게 만들고, 넘어질 때 자신을 일으켜 세울 수도 있다는 심리적 대처법도 알려 줍니다. 유아기는 돌봄과 도움이 필요한 시기이지만, 그래도 아이에게 스스로를 돌본다는 개념을 가르치는 것은 자신을 좋아하고 소중하게 생각하는 자기 가치감과 문제가 생겨도 스스로 해결할 수 있다는 자기 유능감 발달 측면에서 참 중요합니다. 『난 내가 좋아!』는 말로 전하기 어려운 이 개념을 돼지 주인공의 예쁘고 유쾌한 그림으로 아이들의 마음에 콕 박히도록 말해 주고 있습니다.

이 책을 활용하는 가장 좋은 방법은 바로 '모방 말하기'입니다. 다음 문장을 보고, 생략된 말 대신에 아이 이름을 넣어서 시처럼 노래처럼 말해 보세요.

- ······ ○○이에겐 아주 좋은 친구가 있지. 그 친구는 바로 ○○이야!
- ······ ○○이는 ○○이를 돌보고 가꾸는 걸 좋아해.

아침에 일어나면, ○○이는 ○○이에게 말을 하지. "야, 참 멋지구나!"
  ○○이 기분이 나쁠 때면, ○○이 스스로 기분을 좋게 만들지.
  ○○이가 넘어지려고 할 때면, 스스로 ○○이를 일으켜 세워.

심리 치료의 최종 목표도 결국 스스로를 돌보는 힘을 키우는 것인 만큼 자기 자신을 사랑하고 돌보는 표현이 얼마나 중요한지 다시 한 번 강조하고 싶습니다. 이렇게 자주 들려주고 함께 노래 불러 보세요. 우리 아이의 나다운 자존감이 나날이 자랄 거예요.

아이가 자신에 대한 호감을 충분히 느낀 다면, 이제 내가 무엇을 좋아하는 사람인 지 나의 개성과 특성을 깨달아 가는 과정 이 필요합니다. 『내가 좋아하는 것』(수지 린 글, 알렉스 윌모어 그림, 꿈틀 옮김, 키즈엠, 2022 년)을 아이와 함께 읽어 보세요. 사랑스럽 고 귀여운 곰돌이 주인공이 저절로 미소 짓게 합니다.

지금부터 내가 좋아하는 것들을 하나씩 이야기해 볼게. (……)
나는 말이야…….

이렇게 시작하는 귀엽고 똑 부러지는 말투를 우리 아이도 배우면 좋겠습니다.

주인공은 친구와 함께 뛰놀기를 좋아하고, 해가 질 때까지 놀고 싶다는 바람도 표현합니다. 엄마와 함께하는 거품 목욕, 아빠와 함께하는 책 읽기도 좋아합니다. 그리고 책은 언제나 자기가 선택한다고 자신 있게 말합니다. 이런 모습이 참 중요하지요. 자신이 좋아하는 걸 찾고 당당하게 표현하며, 더 나아가 자신이 원하는 것을 똑부러지게 표현하는 꼬마 곰의 모습을 우리 아이가 그대로 따라 하며 대화할 수 있게 해 주세요. 온 가족이 참여할 수도 있답니다.

> ──── 지금부터 엄마가 좋아하는 것들을 하나씩 이야기해 볼게.
> 엄마는 말이야…….
> ──── 지금부터 아빠가 좋아하는 것들을 하나씩 이야기해 볼게.
> 아빠는 말이야…….
> ──── 지금부터 누나가 좋아하는 것들을 하나씩 이야기해 볼게.
> 누나는 말이야…….

이렇게 한 사람이 한 가지씩 돌아가면서 말하고, 그걸 녹음해서 글로 옮겨 쓰고 가족 그림책을 만들어 보세요. 아이만의 책을 따로 만들어 아이가 직접 그림을 그리면 더 좋습니다. 이 활동을 일 년에 한 번씩 해 보세요. 아이가 자라면서 좋아하는 것이 지속되기도 하고 바뀌는 것도 있어요. 그 자체가 우리 아이의 특성을 보여 줄 뿐만 아니라, 아이의 관심사가 어떻게 확장되어 가는지를 확인해 볼 수 있는 소중한 기록이 됩니다. 나중에 아이가 스스로 글을 읽을 수 있을 때 엄마 아빠의 기록을 보게 된다면, 자신이 사랑받고 있음을 강렬하게 느낄 거예요.

사회성,
어디서든 행복한
아이의 조건

우리 아이는
사회성의 세 가지 조건을
갖추었나요?

선생님들이 고민하는 아이의 사회성 문제

어린이집과 유치원 선생님들은 우리 아이의 사회성에 대해 어떤 생각과 고민을 하고 있을까요? 다음은 유아 교사 연수에서 자주 받는 선생님들의 질문입니다.

> 다른 아이들보다 자주 짜증을 내는 아이에게 왜 그러냐고 이유를 물어봐도 대답하지 않아요. 어떻게 해야 할까요?

> 유튜브에서 등교할 때 인사 방법을 선택해서 선생님과 인사하는 영상을 보고 아이들에게 실천해 보고 있어요. 포옹하기, 악수하기, 하이파이브, 마주 보고 춤추기, 네 가지 인사법의 그림을 벽에 붙여 놓고 아이가 하나를 고르

면 선생님과 그 방법으로 인사하는 거예요. 모든 아이들이 재미있어 하는데, 한 아이만 머뭇거리며 인사법을 고르지 못하고 제가 하나씩 짚으면서 물어봐야 그제야 살짝 고개를 끄덕이는 정도예요. 아이가 적극적으로 표현하게 하려면 어떻게 도와주어야 할까요?

다섯 살 남자아이인데, 친구들이 자기랑 놀아 주지 않는다고 하면서 자주 울어요. 친구들에게 물어보면 다들 그런 말 한 적 없다고 하고요. 유심히 살펴보았더니, 친구들 두세 명이 어울려 놀면, 이 아이는 한참 친구들을 바라보며 울먹이다가 저를 쳐다보네요. 친구들이 자신에게 먼저 말을 걸어 주지 않은 걸 오해한 것 같아요. 어떻게 하면 좋을까요?

무엇이든 자기가 중심이 되지 않으면 삐치고, 심하면 악을 쓰고 우는 아이가 있어요. 이 아이는 자기가 요구하는 걸 들어주지 않으면 진정되지 않아요. 이제 친구들도 이 아이를 힘들어해요. 그 아이가 하루 결석한 날, 반 아이들 모두 내일도 OO이가 안 왔으면 좋겠다고 말할 정도예요. 아이가 친구들과 잘 지낼 수 있도록 하려면 어떻게 도와주어야 할까요?

6세 남아인데 수업 시간에 계속 말장난을 해요. "이렇게 하세요."라고 하면 "안 해요."라고 하고, "만지지 마세요."라고 하면 "얘들아, 만져요."라고 하거나, "만지면요? 왜 안 돼요? 때리면요? 왜 안 돼요?" 이런 말을 계속합니다. 어떻게 해야 할까요?

교육 영상을 보여 주는데 아이가 마음대로 리모컨을 가져다 꺼 버리고, 제재하면 친구들을 치면서 이리저리 돌아다녀요. 산만하고 지시를 따르지 못하는 이 아이는 혹시 ADHD일까요?

부모 입장에서 아이를 교육 시설에 보낼 때는 선생님께서 우리 아이의 사회성을 잘 키워 주기를 바랍니다. 그런데 사실 대부분의 아이들은 어린이집이나 유치원에 입학하는 첫날부터 선생님 말씀을 잘 듣고, 지시 사항을 수행하고, 새로 만난 친구들과도 어울리는 모습을 보입니다. 이를 보면, 아이들이 이미 가정에서 어느 정도 사회성 발달이 이루어진 뒤에 교육 시설에 다닌다는 것을 알 수 있습니다. 그렇다면 앞의 사례에 해당되는 아이들은 어떤 것이 준비되지 않았기에 선생님조차 난감해하는 걸까요?

이런 모습을 보이는 아이들을 잘 살펴보면 크게 세 가지 원인을 찾아 볼 수 있습니다. 자기 마음을 제대로 표현하지 못하는 경우, 자기 감정에만 매몰되어 친구 마음을 전혀 이해하지 못하는 경우, 그리고 아이가 수업을 방해하는 모습에서 나타나듯이 지금 자신을 둘러싼 사회적 상황 맥락을 이해하지 못하는 경우입니다.

요컨대, 이 아이들은 자기표현, 친구 마음 이해하기, 그리고 사회적 인지에서 문제를 겪고 있는 것이지요. 이 세 가지가 아이의 사회성을 키우는 중요한 뿌리가 됩니다. 이 세 가지 뿌리에 대해 자세히 알아보겠습니다.

세상과 소통하는 첫걸음, 자기표현

다음 세 아이의 사례를 통해 왜 자기표현에 문제를 겪게 되는지 생각해 보겠습니다.

A: 4세 아이예요. 길을 가다 아는 사람을 만나면 엄마 뒤에 숨어 버리고 인사도 잘 못 해요. 울고 소리 지를 땐 악을 쓰며 자기가 원하는 걸 말하면서, 평소엔 의견을 물어봐도 우물쭈물 주뼛거리기만 하고요. 아이는 왜 감정이 폭발할 때만 자기 생각을 표현할까요?

B: 5세 아이예요. 아이가 너무 친구를 배려하기만 해서 속상하네요. 한번은 선물 받은 장난감을 유치원에 가지고 갔는데 친구가 달라고 해서 줬다고 하더군요. 그러고선 집에 와서 짜증을 내고 제게 그걸 받아 오라고 떼를 써요. 왜 아이는 친구에게 직접 거절하지 못하는 걸까요? 여러 번 가르쳤는데도 비슷한 문제가 계속 반복돼요.

C: 6세 아이예요. 올해 초부터 피아노를 배우기 시작했어요. 아이는 꼬박꼬박 숙제도 하면서 굉장히 즐겁게 학원을 다녔어요. 그런데 연말 연주회에 나갔을 때, 우리 아이만 무대에서 긴장한 채 얼어붙어 있다가 그냥 내려왔어요. 매번 사람들 앞에 나가기만 하면 제대로 못 해요. 부끄러움 많은 성격 때문일까요? 시간이 지나면 괜찮아질까요?

사례 속 아이들을 보면 어떤 공통점이 느껴지나요? 착하고 양보와 배려를 잘하는 한편, 숫기가 없어 부끄러움이 많고 자신을 제대로 표현하지 못하는 아이들입니다. 그냥 성격이라고 생각할 수 있어요. 하지만 사실 좀 더 따져 보면 전혀 다른 문제가 기저에 깔려 있음을 알 수 있습니다.

부끄러움이 많은 것은 보통 내향적 성격인데, 내향성을 지닌 아이들은 사람이 많은 곳에서는 말을 잘하지 못하고 주로 조용히 듣는 역할을 합니다. 사실 이런 모습은 문제가 없어요. 그러나 한두 사람과 대화할 때도 자기 마음을 정확하게 말로 표현하지 못한다면, 아이는 아직 자기표현력이 발달하지 못한 상태라 할 수 있습니다. 때로는 부모의 잘못된 대화 방식이나 양육으로 인해 생긴 심리적 상처 때문에, 어떤 아이들은 솔직하게 말해 봤자 더 혼날 뿐이라는 잘못된 신념을 갖게 되기도 합니다. 결국 자신의 감정과 생각을 솔직하게 말하는 자기표현이 너무 어려운 상태입니다.

제대로 된 자기표현이란 상대방에 대한 비난이나 일방적인 요구를 하지 않고 자신의 생각이나 감정, 욕구를 있는 그대로 적절하게 표현하는 것입니다. 이는 갈등을 해결하고 인간관계를 잘 키워 가는 데 매우 중요한 능력이라 할 수 있지요.

이런 관점에서 본다면 A는 수줍음이 많아 자기 마음을 있는 그대로 표현하지 못해 억누르고 참다가 어느 순간 폭발하는 유형임을 알 수 있습니다. 이럴 때는 아이의 수줍음을 먼저 보호해 주세요. 엄마 아빠

뒤에 숨는 걸 뭐라 하지 마시고 오히려 잘 숨어 안정감을 느낄 수 있게 도와주세요. 모자를 눌러 쓰게 하는 것도 괜찮고 손가락 가면으로 얼굴을 가려도 된다고 말해 아이를 안심시켜 주는 것도 좋아요. "네가 마음이 편안해지면 그때 인사해도 돼."라고 말해 줄 필요도 있습니다. 이렇게 자기 감정을 보호받는 경험이 있어야 아이가 울거나 폭발하지 않고 마음을 조절해 자기를 표현할 수 있어요.

B는 배려를 먼저하고 자기표현은 하지 못하고 있습니다. 자기 마음을 돌보며 솔직하게 말하는 것을 아직 배우지 못한 거죠. 이런 경우라면, 아이에게 이렇게 알려 주세요. "내가 필요한 걸 갖고 난 다음에 다른 사람을 도와주는 거야." 희생을 먼저 배우면 아이는 자신을 제대로 돌볼 수 없게 됩니다. 아이가 친구의 비난이 두려워 거절을 못 한다면, 거절이 얼마나 중요한 것인지도 알려 주어야 합니다. 그리고 거절했을 때 "너는 친구가 아니야."라는 말을 듣는다면, 그 친구에게는 이런 말을 하라고 가르쳐 주세요.

—— 같이 놀 수는 있지만, 장난감을 주는 건 안 돼.
—— 자꾸 내 장난감을 달라고 해서 너랑 놀기 싫어. 네가 달라는 말 안 하면 너랑 같이 놀게.

C는 그야말로 내향성이 강한 아이입니다. 누구나 올라가는 무대이지만, 이 아이에겐 너무 힘든 일이죠. 모두가 참여하는 행사라 빠지기

도 어려웠을 겁니다. 그럴 땐 이런 일이 벌어지는 게 아이에게 문제가 있어서가 아니라는 시각을 갖는 게 중요합니다. "사람마다 성격이 달라서 무대가 힘든 사람도 많아. 그러니 넌 무대에 올라가는 것만으로도 충분히 잘하는 거야. 커 가면서 서서히 달라진단다."라고 아이를 지지해 주어야 합니다.

그런데 가끔 보면 아이 나이에 맞지 않게 부모님이 아이에게 네 생각을 제대로 말하라고 강요할 때가 많습니다. 이제 겨우 4세인 아이가 자기 기분이 나쁜 이유를 논리적으로 설명할 수 있을까요? 5세인 아이가 친구의 잘못된 행동을 정확히 지적하면서 그러면 안 된다고 말할 수 있을까요? 6세 아이가 선생님한테 혼나고 집에 와서 자기가 어떤 잘못을 했고, 그래서 선생님께 혼났고, 지금 내 마음은 엄마의 위로를 받고 싶다고 표현할 수 있을까요? 차근차근 단단하게 사회성을 키우려면 아이는 무엇보다 자신이 느끼는 감정과 생각을 있는 그대로 표현하는 방법을 먼저 배워야 합니다. 그러기 위해 부모가 먼저 아이에게 아이의 마음을 이해하는 말을 표현해 주어야 합니다.

예를 들어, 동생 때문에 아빠에게 혼난 아이가 아주 불편한 감정을 느꼈지만, 이 감정을 무슨 말로 표현해야 할지 잘 모르는 상황입니다. 이럴 때 부모가 먼저 "네가 잘못하지 않았는데 동생 때문에 같이 혼나서 억울하겠구나."라고 알려 주면, 아이는 '아! 이 감정이 억울한 거구나.'라고 이해하게 됩니다. 그리고 "응, 나 억울해!"라고 말하게 됩니다. 다음에는 동생뿐 아니라 유치원에서 친구와의 관계에서 비슷한 문제가 생겼을 때에도 "선생님, 저 억울해요."라고 자기 마음을 표현할 수 있어요.

마음의 고통은 누군가가 알아주고 자신의 말로 그것을 표현할 수 있을 때 비로소 누그러지고 불편감이 해소됩니다. 이렇듯 아이의 감정을 알아차리고 말로 표현해 주는 공감은 아이의 마음과 정신을 키우는 부모 역할 중 가장 첫 번째 일이 되어야겠습니다.

그런데 많은 분들이 이런 질문을 합니다. "자존감이 높은 아이는 자신의 마음을 표현하는 것도 잘하지 않을까요?" 그렇지 않습니다. 똑똑하고 자존감도 높지만, 의외로 자신의 마음을 솔직하게 말하는 자기표현 능력을 제대로 키우지 못한 아이들이 상당히 많습니다. 자존감은 높지만 아직 인간관계의 경험이 부족해서 자신의 마음을 솔직하게 말하면 어떤 반응을 불러올지 모르기 때문일 수도 있고, 당당하게 자기표현을 하였지만 부정적인 반응으로 주눅 든 경험이 있기 때문일 수도 있습니다.

이 시기 아이들은 설령 자존감이 높다 하더라도 아직 타인과의 관계에서는 좌충우돌하고 있습니다. 따라서 부모는 아이가 자신을 챙기고 자기 마음을 돌보는 것을 기반으로 타인과 소통하는 능력을 키워 갈 수 있도록 이끌어 주어야 합니다. 이렇게 자신을 표현하는 능력이 길러진 아이라면 이제 다음 단계로 갈 준비, 즉 친구의 마음에 공감할 준비가 된 것입니다.

관계를 원만하게 이끄는 힘, 공감 능력

사회성이란 타인과 원만하고 긍정적인 관계를 만드는 능력입니다. 그렇다면 사회성이 발달하기 위해서는 자신뿐만 아니라, 타인의 마음이나 입장도 잘 헤아리는 태도가 갖춰져야 하겠지요. 그래서 우리 아이에게 공감 능력을 키워 주는 것이 무척 중요합니다. 공감이란 자신이 직접 경험하지 않아도 다른 사람의 감정을 이해하고 느끼고 표현하는 것입니다. 타인의 심리 상태를 마치 내가 경험하는 것처럼 느끼고 상대에게 적절한 반응을 보여 주는 것이지요. 공감 능력이 중요한 이유는 공감을 토대로 타인과 소통하며 관계를 형성하고 긍정적인 상호작용을 촉진시킬 수 있기 때문입니다.

그런데 1장에서 설명한 조망수용 능력과 공감 능력이 조금 헷갈리기도 합니다. 다음 사례를 통해 두 개념의 차이를 살펴보겠습니다. 아이가 타인의 관점을 이해하는 정도를 알아보는 '샐리와 앤 실험'입니다.

샐리와 앤이라는 두 아이가 있습니다. 샐리는 바구니, 앤은 상자를 가지고 있어요. 바구니와 상자에는 뚜껑이 달려 있어서 뚜껑을 닫으면 안을 볼 수 없습니다. 샐리는 바구니 안에 구슬을 넣고 뚜껑을 닫은 뒤, 방을 나갑니다. 샐리가 나간 사이에 앤은 바구니에 있던 구슬을 상자로 옮기고 뚜껑을 닫습니다. 잠시 후 샐리가 돌아옵니다.

이 장면을 아이에게 그림으로 보여 주고 난 뒤 "샐리는 구슬을 찾기 위해 어디를 살펴볼까?"라고 질문을 합니다.

만약 아이가 샐리는 바구니를 살펴볼 거라 말한다면 이는 아이가 샐리의 관점을 이해한다는 증거가 됩니다. 타인의 관점을 이해할 수 있는 조망수용 능력이 잘 발달하고 있다고 볼 수 있지요. 반면, 샐리가 상자를 살펴볼 거라고 말한다면 아이는 샐리의 관점이 아니라 자신의 관점에서 답한 것이라 할 수 있습니다. 샐리가 나가 있는 동안 앤이 구슬을 옮겼기 때문에 샐리가 그 장면을 보지 못한 점, 즉 샐리의 관점을 이해하지 못했다는 의미가 됩니다. 아직은 아이의 조망수용 능력이 부족하다고 볼 수 있어요.

그렇다면 조망수용 능력이 발달한 아이는 공감 능력도 저절로 발달하게 되는 걸까요? 그 점을 알아보기 위해 아이에게 좀 더 질문해 보겠습니다.

—— 바구니를 열었을 때 구슬이 없는 것을 보고 샐리는 어떤 감정을 느낄까?
—— 샐리에게 무슨 말을 해 주고 싶어?

공감 능력이 발달하고 있다면 아이는 "샐리가 놀랐어요. 속상해요."라고 반응할 수 있겠지요. 더 나아가 "샐리야, 놀랐지? 걱정 마. 구슬은 상자 안에 있어."라고 대답하는 것도 가능할 것입니다. 이렇게 샐리가 바구니를 열었을 때 구슬이 없어진 것을 확인하고 느꼈을 감정, 그 감정을 이해하고 표현하는 능력이 바로 공감 능력입니다.

정리하자면 조망수용 능력은 주어진 상황에서 다른 사람의 관점에 대해 인지적으로 이해하는 능력이며, 공감 능력은 그런 이해를 바탕으로 상대의 감정에 대해 이해하고 표현하는 능력을 말합니다.

그렇다면 이렇게 중요한 공감 능력은 어떤 과정을 통해 발달할까요? 미국의 사회심리학자 마틴 호프먼(Martin Hoffman)은 공감의 발달 수준을 다음과 같이 4단계로 나누어 설명합니다.

연령	단계	발달 사항
출생~12개월	총체적 공감 단계	• 자신과 타인을 구분하지 못함. • 신생아실에서 한 아기가 울면 다른 아기도 따라 우는 행동을 함.
1~2세	자아중심적 공감 단계	• 자신과 타인을 구분하기 시작함. • 타인이 느끼는 감정을 단순하게나마 느낄 수 있음. • 자신에게 위안이 되었던 수단으로 타인을 위로하려 함.
2~3세	타인의 감정에 대한 공감 단계	• 자신의 마음과 타인의 마음을 구별하는 단계. • 간단한 장면에서 타인의 슬픔을 인식하고 반응할 수 있음. • 언어 발달 정도에 따라 더 다양한 감정에 공감할 수 있음. • 타인이 원하는 방식으로 고통을 없애 주려 노력하기 시작함.
3세~ 아동 후기 및 청소년기 까지	타인의 일반적 상태에 대한 공감 단계	• 현재의 즉각적 상황뿐 아니라 타인의 일반적인 상황에 대해서도 공감이 가능함. • 장기적인 고통과 어려움, 전혀 모르는 사람의 처지와 상황에도 공감할 수 있음.

그런데 모든 아이들의 공감 능력이 앞 페이지의 표에서 연령대별로 제시된 것처럼 저절로 발달하지는 않습니다. 3세 무렵의 아이들을 살펴보면, 바로 눈앞에서 친구가 울음을 터뜨렸을 때 어떤 아이는 멀뚱멀뚱 바라보기만 하고, 또 다른 아이는 다가와서 자기가 가지고 있던 장난감을 주기도 하고, 또 어떤 아이는 우는 아이의 애착 인형을 찾아와 품에 안겨 주기도 합니다. 같은 연령이지만 가만히 있는 아이, 자신이 받은 위로의 방식을 쓰는 아이, 친구가 원하는 방식으로 도와주는 아이도 있는 것이죠. 따라서 아이들의 공감 능력 발달 속도는 제각각 다르다고 볼 수 있어요.

그런데 어쩔 줄 모르고 바라보기만 하는 아이는 왜 그런 걸까요? 마틴 호프먼의 공감 발달의 4단계에 따르면, 대개 3세가 된 아이들은 타인이 원하는 방식으로 위로하는 것이 가능해진다고 했습니다. 그런데 우는 친구에게 아무런 반응도 하지 않는 아이에게는 어떤 이유가 있고, 어떤 도움을 주면 좋을지 자세히 살펴보면 좋겠습니다.

부모에게 자주 공감받은 아이들일수록 공감 능력이 더 원활히 발달한다는 것을 상담을 하면서 매번 확인하곤 합니다. 공감과 관련한 경험이 많고 정서적 교류가 풍부한 유아는 그다음 공감 단계로 빠르게 발달할 수 있는 만큼 부모와 교사가 그런 부분에 노력을 기울여야 하지요.

결국 보고 듣는 공감의 경험이 많아야 아이가 제대로 공감을 표현할 수 있습니다. 일상에서 먼저 아이에게 다양한 감정을 표현하고, 아이의 감정을 읽어 주며 공감 능력을 키워 주세요.

—— 과일이 맛있어서 기분이 좋아.
—— 엄만 네가 웃는 모습을 보니 기뻐.
—— 주인공이 너무 슬플 것 같아.
—— 블록 성이 무너져서 속상하겠다.
—— 아빠가 늦게 와서 기다리기 힘들었지?

부모와의 공감 경험이 부족했던 4세 지우의 사례를 살펴보겠습니다. 지우 엄마는 지우가 친구들과 잘 어울리지 못한다는 선생님의 말씀에 걱정이 되어 아이와 함께 상담실을 찾았습니다. 그런데 겉으로 드러난 문제는 사회성 문제였지만, 자세히 들여다보니 지우는 여러 가지 이유로 쉽게 마음이 불편해지는 아이였습니다. 유치원에서 친구들이 자기에게 뭐라 할까 봐 걱정이 많고, 자기가 원하는 걸 친구들이 들어주지 않으면 삐쳐서 혼자 있는 시간도 많았습니다. 시시각각 부정적이고 불편한 감정을 자주 느끼는데, 이 감정을 잘 처리할 수 없어서 친구들과 어울리기 어려운 것이었지요.

이럴 때 가장 먼저 필요한 게 바로 아이 마음에 충분히 공감해 주는 것입니다. 유아기 아이들은 마음을 알아주기만 해도 속상함이나 불안, 원망과 같은 불편한 감정이 쉽게 해소되지요. 아이가 친구 문제로 속상해하는 순간에만 공감이 필요한 것은 아닙니다. 일상에서 충분히 공감받은 아이는 자신의 마음을 잘 표현하게 되고, 친구의 마음도 잘 이해하게 되어 결국엔 친구 관계가 좋아질 수 있습니다. 지우 엄마는 일상에서 아이가 속상해하는 시점에 아이의 마음을 읽고 충분히 공감해 주기 시작했습니다.

— 지우야, 엄마랑 떨어질 때 힘들지?
— 동생 때문에 화가 났구나.
— 더 놀고 싶은데 못 놀아서 속상하구나.
— 아빠랑 수영장에 가고 싶었는데 못 가게 돼서 많이 아쉬웠구나.

그렇게 날마다 아이가 속상해하는 순간에 마음을 읽어 주자 아이가 짜증을 내는 빈도수가 눈에 띄게 줄었고, 짜증을 진정시키는 시간이 짧아졌으며, 2~3주 후에는 신기하게도 유치원에서 친구들과도 훨씬 편하게 잘 지낼 수 있었습니다.

지우 엄마는 "오늘은 지우가 친구들이랑 잘 놀았어요."라는 선생님의 말씀이 그렇게 반가울 수가 없다고 말했어요. 그렇게 2~3개월 시간이 흐르자 어느 날 유치원 선생님이 지우 엄마에게 환하게 웃으며 이렇게 말했다고 합니다.

어머니, 지우가 우는 친구에게 "○○아. □□이 저리 가라고 해서 속상하지?"라고 하더라고요. 우리 지우, 너무 기특해요!

어디서든 잘 적응하는 아이의 비밀, 사회 인지 능력

엄마는 놀이터에서 신나게 뛰어 노는 아이를 보며 웃으며 박수치고 잘한다고 응원하였습니다. 그런데 집으로 돌아와서는 아이에게 살살 걸으라고 말했습니다. 만약 사회 인지 능력이 잘 발달한 아이라면 놀이터와 집은 상황이 다르다는 것을 이해하고, 쿵쾅거리면 아랫집에 피해가 가니 뛰지 않아야 한다는 점을 인식하고 조심할 수 있습니다. 물론 아직 어리기 때문에 알면서도 잊어버리고 넘치는 에너지를 주체하지 못해 뛸 수는 있지만, 중요한 건 사회 인지 능력이 잘 발달해야 상황에 맞게 자신의 행동을 조절할 수 있다는 사실입니다.

사회 인지 능력이란 주어진 사회적 상황의 맥락에 대한 이해를 바탕으로 타인의 의도와 행동을 이해하고 예측하여 적절하게 반응하는 능력을 말합니다. 사회 인지 능력을 잘 갖춘 사람을 두고 흔히 '눈치 있는 사람'이라고 표현하기도 합니다. 눈치가 있는 사람은 현재 주어진 상황이 어떠한지 때에 맞게 빨리 알아차리고 필요한 적절한 반응을 보입니다.

눈치가 부족하면 지금 여기에서 어떤 말과 행동을 하는 게 맞는지 잘 알아차리지 못하고, 친구들과의 관계에서 문제가 생길 가능성이 높습니다. 유치원, 키즈카페, 마트, 공원 등 일정한 사회적 공간에는 각각의 규범이 있다는 사실을 몰라 조용히 해야 할 곳에서 소리 지르며 뛰어다니거나, 아직 계산하지 않은 과자를 당장 먹겠다고 떼를 쓰기도 하지요.

뿐만 아니라, 자신의 행동이 다른 사람에게 어떤 감정을 불러일으키는지 잘 모를 수 있습니다. 엄마가 몸살 기운으로 아이와 놀아 주기 힘든 상황인데도 아이는 계속 놀이터에 가서 놀자며 떼를 쓴다면, 유치원에서 선생님이 그림책을 읽어 주는 시간에 옆에서 공을 차고 논다면 어떨까요? 사회 인지 능력이 부족한 아이는 나쁜 의도가 있는 것이 아님에도 불구하고 '눈치 없는 아이'로 낙인찍힐 위험이 있습니다. 그야말로 상황 파악이 되지 않아 문제가 되는 것입니다.

아이의 사회 인지 발달이 어떤 과정을 거치는지 아래의 표를 참고하여 알아보겠습니다.

단계	사회 인지 발달 사항
1단계	다른 사람들이 자신과 다른 감정과 생각을 가지고 있다는 사실을 인식하는 단계입니다. 나는 사과를 좋아하지만 친구는 싫어할 수도 있다는 사실, 그래서 내가 좋아하는 것이 아니라 상대가 좋아하는 것을 선물로 주어야 한다는 것을 깨닫는 단계입니다.
2단계	사회적 공간마다 꼭 지켜야 할 규칙과 질서가 있다는 사실을 깨닫는 단계입니다. 줄을 서서 차례를 잘 지켜야 한다는 것, 층간소음 문제가 있다면 집에서는 뛰지 않아야 한다는 것, 키즈카페에서는 소리 지르고 뛰어도 괜찮지만 마트나 은행에서는 큰 소리를 내면 안 된다는 것을 배우는 단계입니다.
3단계	사회 인지에 대한 욕구가 발생하는 단계입니다. 다양한 사회적 상황 및 규칙에 대한 궁금증과 호기심이 생긴 아이는 더 많은 것을 알고 싶은 욕구가 생겨납니다. 그래서 "이건 뭐야? 저건 뭐야? 여기에선 어떻게 하는 거야?" 등의 질문을 수없이 합니다.

아이마다 발달 시기에 차이가 있기 때문에 우리 아이가 또래보다 사회 인지 발달이 조금 늦는다고 해서 걱정할 필요는 없습니다. 아이들은 결국 이 세 단계를 거쳐 사회적 맥락을 파악하는 능력이 발달합니다. 그러니 아이가 다소 부족하다고 해서 조바심을 갖기보다 예전에 비해 어떤 점이 나아졌는지를 살피며 전반적인 발달이 올바른 방향으로 진행되고 있는지 확인해야 합니다.

그렇다면 우리 아이의 사회 인지 능력을 어떻게 키워 줄 수 있을까요? 아이에게 아래의 질문을 하고 함께 이야기 나누어 보세요.

한 아이가 그네를 타고 있어. 그런데 옆에서 두 친구가 그 아이를 보며 인상을 찌푸리고 있어. 두 친구는 왜 인상을 찌푸리고 있을까?

사회적 상황 맥락에 대한 이해가 높은 아이라면 분명히 그네 타는 아이가 너무 오래 타고 있어서 다른 친구들이 화가 났다고 대답할 거예요. 혹은 두 아이가 서로 다투어서 그렇다는 대답이 나올 수도 있습니다. 틀린 답이 아닙니다. 그 또한 충분히 가능한 이야기니까요. 중요한 것은 한 장면을 두고 다양한 사회적 상황을 예측해 보는 대화, 혹은 아이가 미처 생각지 못한 상황에 대한 질문들이 아이의 상황 이해 능력을 키워 준다는 사실입니다.

아이가 경험하는 일상의 장면을 활용해 질문하며 아이의 사회 인지 능력을 키워 주는 연습을 해 보세요.

─── 엄마는 네가 유치원에 있을 때 뭘 하고 있을까?

─── 지하철에서 내리자마자 뛰어가는 사람은 왜 그럴까?

─── 친구와 함께 놀고 싶을 땐 뭐라고 말하면 좋을까?

─── 친구와 손잡고 가고 싶을 땐 어떻게 하면 좋을까?

─── 친구는 집에 가면 뭘 하면서 시간을 보낼까?

그런데 다양한 상황에 필요한 적절한 행동을 일일이 가르쳐야 한다면 부모도 아이도 큰 부담이 될 거예요. 그러므로 사회 인지 능력을 발달시키는 가장 기본적인 방법은 어떤 낯선 상황에서도 지켜야 할 태도를 순서대로 가르치는 것입니다.

사회성 좋은 사람이 어떤 낯선 상황에서도 보이는 기본 자세에는 친절한 표정과 목소리로 인사하기, 상황에 대해 질문하기, 주의 깊게 잘 듣기, 상대방의 작은 친절에도 감사하기, 실수하면 공손하게 사과하기가 있습니다. 아래에 나오는 다섯 가지 말과 태도를 아이가 습득할 수 있도록 도와주세요.

① 어딜 가든 만나는 사람에게 인사하기

─── 안녕하세요?

② 각 상황에 맞는 규칙을 알기 위해 질문하기

─── 여기에선 어떻게 하는 거예요? 이렇게 해도 돼요?

③ 상대방의 설명을 주의 깊게 잘 듣고 이해했음을 전하기

── 아, 이렇게 하면 되는 건가요?

④ 크고 작은 친절에 감사하기

── 감사합니다.

⑤ 실수하면 진심으로 사과하기

── 죄송해요. 제가 실수했어요.

유아기를 거쳐 초등학교에 입학하면 사회성 문제를 보이거나 공격적 언어를 사용하여 학교폭력 가해자로 신고당하는 아이들이 종종 있습니다. 왜 이런 일이 발생할까요? 이는 '자기표현', '공감하기', '사회적 인지 능력'이라는 사회성 발달의 세 가지 뿌리가 제대로 어우러지지 못했기 때문입니다.

건강한 사회성의 발달이란 어느 한 가지만으로 이루어지지 않습니다. 자신의 마음을 충분히 이해하고 적절히 표현할 줄 알아야 하고, 타인의 마음에 공감할 줄 알며, 사회적 상황 맥락을 이해하고 그에 맞는 사회적 언어를 사용하며 적절한 행동을 실행하는 능력 모두를 갖추어야 하지요.

이제 아이의 사회성의 세 가지 뿌리를 키우기 위해 부모가 알아 두어야 할 네 가지 지혜에 대해 알아보겠습니다.

아이의 사회성을 꽃피우는
부모의 네 가지 지혜

사회성을 키우기 전에 꼭 필요한 애착 회복

부모는 아이의 친구 관계에 문제가 생기면 유치원에서 무슨 일이 일어난 것인지 궁금해합니다. 아이가 따돌림을 당한 건 아닌지, 누군가의 부당한 대우나 공격을 받은 건 아닌지 점검하고, 혹시 우리 아이의 사회성에 문제가 있는 건 아닌지 걱정하게 되지요. 만약 아이의 사회성에 문제가 있다면, 부모는 아이에게 어떤 도움을 주어야 할지 잘 몰라 막막해지기 쉽습니다.

앞서 다룬 바와 같이, 안정된 애착을 형성한 아이는 자존감이 높고 사람에 대한 신뢰감도 탄탄하게 형성되어 있습니다. 따라서 어린이집이나 유치원에서 친구를 만나고 함께 노는 일이 즐겁고 신이 나지요. 그동안 부모와 안정된 상호작용을 해 왔기에 자신을 표현하는 것과 상대의 마음에 공감하는 것에도 익숙합니다. 여기에 더해, 주변 상황을 읽고 맥락에 맞게 대처하는 방법 같은 기본적인 사회 인지 능력을 키우면 친구들과 좋은 관계를 유지하는 데 더욱 유리하지요.

그러므로 만약 우리 아이가 친구 사귀는 데 문제가 생긴다면 가장 먼저 아이의 애착 정도를 살피고, 안정적인 애착을 회복할 수 있도록 도와주어야 합니다. 아이가 사람과 세상에 대한 안전감, 안정감, 신뢰와 기대감을 회복해야 건강한 친구 관계를 맺을 수 있습니다.

다음은 아이의 애착 회복을 위해 부모가 지켜야 할 세 가지 원칙입니다.

첫째, 아이 마음을 민감하게 알아주어야 합니다. 심리가 불안정한 아이는 종종 짜증을 내지요. 그럴 때 부모가 아이의 마음을 민감하게 알아차리고 표현해 주어야 아이는 부모의 사랑을 확인하고 사람에 대한 신뢰를 회복하기 시작합니다. 아이의 마음을 살피고 이런 대화를 나눠 보세요.

표정을 보니 뭔가 불편하구나. 힘들어 보여. 뭐가 속상한지 말해 줄래? 아빠(엄마)가 힘이 되어 줄게. 아빠(엄마)가 네 편인 거 알지?

아이 마음에 힘이 되어 준다는 건 문제 행동을 허용한다는 의미가 아닙니다. 부모가 같은 편에 서서 힘든 문제를 함께 해결하겠다는 의미로 전달되어 아이의 마음을 든든하게 하지요.

둘째, 아이가 잘못했을 때 비처벌적인 양육 태도를 보이는 것이 중요합니다. 부모의 체벌이나 윽박지르기를 경험하며 불안정한 애착을 형성한 아이는 속상한 상황에서 자신의 마음이 위로받을 것이라는 확신이 없고, 처벌받을지도 모른다는 불안을 가지고 있어요. 그러므로 아이가 잘못했을 때 따뜻하게 마음을 알아주되 원칙을 단단하게 가르치는 양육 태도가 무척 중요합니다.

그런데 아무리 말해도 말을 듣지 않는데 어떻게 매번 따뜻하게 말할 수 있느냐고, 체벌하고 따끔하게 혼내면 오히려 말을 잘 듣지 않느냐고 반문하시는 부모님들이 많습니다. 절대 그렇지 않습니다. 이렇게 혼내는 방식으로는 아이가 제대로 훈육되지 않을 뿐만 아니라, 부모의 말의 내용을 배우기보다 오히려 소리 지르고 혼내는 부모의 태도를 배우게 됩니다. 문제가 더 악순환에 빠지는 것이지요. 진짜 훈육은 혼내는 것이 아니라 힘든 아이의 마음에 공감하고, 지켜야 할 행동 규칙을 잘 가르쳐 아이가 성숙해지도록 도와주는 것입니다. 그러니 혹시 우리 아이가 화가 나서 장난감을 던지거나 동생을 때렸을 때 이렇게 반응해 주세요.

── 동생 때문에 화가 났구나. 그래도 물건을 던지면 안 되는 거 알지?
── 속상한 일이 생기면 동생을 때리지 말고 먼저 엄마한테 말해 주면 좋겠어. 알았지? 약속!

셋째, 부모는 아이의 안전 기지이자 안전한 피난처 역할을 해야 합니다. 아이는 늘 세상을 탐색하기 위해 직진합니다. 그런데 가만히 보면 아이는 계속 뒤돌아보며 부모가 자기 뒤에 있다는 사실을 확인합니다. 심리적 안전 기지인 부모가 든든하게 자기 뒤에 자리 잡고 있음을 확인해야 아이는 더 씩씩하게 세상을 탐색할 수 있습니다. 아이에게 엄마 아빠는 늘 그 자리에 있고, 잠시 헤어져도 항상 다시 만나며, 서로의 마음속에 자리 잡고 있음을 알려 주세요.

─── 엄마 아빠는 언제나 여기에 있어. 우리는 항상 다시 만나.
─── 엄마 아빠 마음속에 네가 있어. 네 마음속에도 엄마 아빠가 있지?

아이가 불안해할 때뿐만 아니라 평소에도 자주 이런 대화를 나누며 아이가 부모와 늘 단단하게 연결되어 있음을 느끼도록 해 주세요.

이렇듯 부모와 다시 안정된 애착을 회복하는 과정이 바로 아이가 안정된 정서로 관계 맺기의 지혜를 배우고 사회성을 키우는 과정이 됩니다. 엄마와 아빠가 서로 좋은 관계를 보여 주는 것도 아이가 친구와 어울리는 데 훌륭한 본보기가 되지요. 거기에 보태어 각 상황에 맞는 사회적 기술을 알려 주고, 갈등이 생겼을 때 문제를 해결하는 지혜를 아이에게 가르쳐 줄 수 있으면 좋겠습니다.

이제 우리 아이의 사회성을 활짝 꽃피우기 위해 부모가 깨달아야 할 네 가지를 자세히 알아보겠습니다.

친구 사귐의 단계를 활용하는 지혜

3세 아이들의 사회성 연구를 위해 일 년간 어린이집에서 아이들의 친구 관계를 조사한 연구에서 흥미로운 사실을 찾을 수 있었습니다. 한 해의 초기와 중기, 후기에 아이들이 친구라 생각하는 관계가 조금씩 달라진다는 점입니다.

초기에는 아이들이 '자기와 닮은 사람'이라는 느낌을 받을 때 호감을 가집니다. 닮았다는 의미는 얼굴 생김새보다는 같은 색의 옷이나 가방을 갖고 있거나, 혹은 같은 장난감을 좋아하는 경우를 말합니다. 아이들은 이렇게 말합니다.

─── 하윤이가 나랑 같은 옷 입었어요. 나도 분홍, 하윤이도 분홍. 하윤이는 내 친구예요.
─── 지호는 내 친구예요. 지호도 나도 자동차를 좋아해요.

그렇다면 3월에 어린이집과 유치원이 시작할 때 우리 아이의 독특한 개성이 보이는 패션이 아니라, 쉽게 친구를 사귈 수 있는 색깔의 옷과 가방들을 준비하는 게 좋겠습니다.

이후 1~2개월이 지났을 때, 아이들이 생각하는 친구란 '나랑 같이 놀이하는 사람'입니다. 오늘 같이 소꿉놀이를 한 아이, 함께 블록 놀이를 한 아이를 친구로 생각하는 것이지요. 부모는 이런 점에 주목해야

250

합니다. 친구 사귀기 힘든 아이도 자기 가까이에 있는 친구와 함께 놀기만 하면 되니까요. 나에게 같이 놀자고 말을 거는 아이에게 "응, 그래."라고 대답하고 같이 놀이를 시작한다면 아이는 쉽게 친구를 사귈 수 있습니다.

그다음으로 아이들은 '내가 좋아하는 특징'이 있을 때 친구라고 여깁니다. 얼굴이 예뻐서, 잘생겨서부터 시작해 그림을 잘 그려서, 달리기를 잘해서 등 자기가 좋아하는 점이 있는 아이를 친구로 생각하기 시작합니다. 이 부분이 좀 어려운 지점입니다. 우리 아이가 자신을 좋다고 하는 친구에겐 관심이 없고, 나에게 관심 없는 친구만 자꾸 바라보면서 "난 친구가 없어."라고 말할 때 부모는 난감해집니다. 그 아이의 엄마에게 연락을 하고 따로 놀이 시간을 만들어 아이들끼리 친해질 기회를 마련해 보지만, 아이의 선호도에 의한 우정 관계는 연인 관계처럼 쉽지 않지요. 아직 어리지만 어쩌면 벌써부터 내가 좋아하는 사람이 나를 좋아하지 않을 수도 있다는 슬픈 실존적 의미를 배워 가는 단계이기도 합니다.

하지만 너무 걱정하지 마세요. 그렇게 하루하루 지나면서 아이들은 전반적으로 모두에게 친숙해지니까요. 그리고 서로에 대해 좀 더 폭넓게, 깊이 알게 되면서 좋아하는 이유가 달라지기도 합니다.

그리고 시간이 좀 더 지나면 아이들은 자신을 잘 도와주고 약속을 잘 지키는 아이를 진짜 친구로 생각하기 시작합니다. 이런 점으로 미루어 볼 때, 아직 함께 놀지 않은 아이라 해도 서로 잘 도와주기만 한다면, 작은 약속을 기억하고 잘 지키기만 한다면 아이들은 서로 친구가 될 수 있습니다.

그렇게 친구 관계가 만들어지면 아이들은 '남'과 '우리'를 구분하기 시작하고, '우리'로 느껴지는 친구를 진짜 친구라 생각하게 됩니다. 그래서 서로 친한 두 아이가 놀고 있는데 다른 아이가 와서 같이 놀자고 하면, "아냐, 우리끼리 놀 거야."라는 말을 하는 것이지요. 중요한 건 이 시점에서 부모와 교사의 역할입니다. 아이들이 '우리'의 개념을 좀 더 폭넓게 인식할 수 있도록 도와주며 친숙한 친구와도 잘 놀고 새로운 친구와도 어울릴 줄 아는 성숙한 사회성이 발달하도록 가르쳐야 합니다.

그런 시간을 거쳐 학년 말기에는 우정이 형성된 친구 관계가 나타나며, 아이들은 '나와 친한 사람'을 친구로 여기게 됩니다. 이와 같이 유아들은 일 년간 학급에서 함께 생활하는 동안 친구 관계에 대해 갖는 의미가 다소 변화하는 양상을 보입니다.

3세밖에 되지 않은 아이들인데, 일 년이라는 시간 동안 친구를 사귀는 과정이 이토록 세분화되어 있다니 참 놀랍고 기특하지요? 물론 아이들이 모두 이 과정을 똑같이 거치는 건 아닙니다. 어떤 아이는 내가 좋아하는 특징이 있는 아이를 처음부터 친구라 생각하기도 하지요. 다만 전반적으로 이런 흐름으로 아이의 친구 관계가 형성된다는 걸 알고 도와주는 것이 매우 중요합니다.

4세 지우 엄마는 이 과정을 적용해 아이의 친구 사귐을 도와주려 했습니다. 지우처럼 그림 그리기를 좋아하는 친구를 초대해서 함께 그림을 그리며 놀 기회를 만들었어요. 지우는 처음에는 자기가 그린 그림을 감추고, 친구가 뭘 그리냐고 물어봐도 쉽게 대답하지 않았습니다. 그래도 괜찮습니다. 친구를 사귀는 첫 단추를 꿰었을 뿐이니까요.

한편, 사회성에 문제가 있는 아이를 위해 여러 명의 친구들을 초대했는데 정작 우리 아이는 어울리지 못하고 초대받은 아이들만 신나게 놀고 가는 경험을 하는 부모들이 많습니다. 유아기 아이들이 어떤 단계를 거쳐 친구라는 개념을 형성하고 우정을 만들어 가는지 알지 못했기 때문에 일어나는 실수이지요.

지우는 한 명의 친구와 서너 번 노는 경험만으로 2~3개월 후, 여러 명의 친구 무리에 조심스럽게 어울리기 시작했습니다. 그 한 명의 친구가 연결다리 역할을 한 것입니다. 앞으로 지우가 사회적 기술도 배우고, 친구를 도와주기도 하고, 약속도 잘 지킨다면 친구들과 친밀한 우정 관계로 발전할 수 있을 거예요.

일상의 사회적 기술을 키우는 지혜

아이가 친구와 만나서 대화를 하고 함께 놀이를 하는 모든 과정에서 구체적인 사회적 기술이 필요합니다. 사회적 기술이란 다른 사람과 잘 어울리고 긍정적인 상호작용을 하는 데 필요한 기술로, 배우고 익힐 수 있기에 기술이라 부릅니다.

사회적 기술에는 몸짓과 표정으로 상대방에게 의미를 전달하는 비언어적 기술부터 언어로 소통하기 위해 말을 배우는 것까지 모두 포함됩니다. 아침에 시간에 맞춰 등원을 준비하는 시간 관리 기술, 유치원에서 자기 물건을 정리하는 기술, 궁금한 것을 질문하는 기술, 친구를 도와주거나 친구에게 도움을 청하는 기술, 때로는 어려운 부탁을 거절하는 기술도 모두 사회적 기술입니다. 또한 갈등이 생겨도 친구와 싸우지 않고 해결할 수 있고, 서로 협동하고 의논하며, 때로는 참고, 분노를 조절하는 것 역시 사회적 기술에 속합니다. 상대와 대화를 시작하고 적절하게 끝맺음하는 것, 미안할 때 사과하고, 자기 의견을 주장하고, 설득하는 것도 사회적 기술이지요.

사회적 기술에 대한 내용은 유치원 누리과정에서도 다루고 있습니다. '의사소통' 영역에서는 상대방의 이야기를 관심 있게 듣는 것을 강조합니다. 친구들의 이야기를 주의 깊게 듣고 자신의 경험과 생각을 적절한 단어로 말하는 과정이지요. '사회관계' 영역에서는 나를 이해하고 존중하며 자기 자신을 가치 있는 존재로 느끼도록 도와주며, 서로 다른 감정과 생각, 행동을 존중하는 태도를 가르칩니다.

유치원 누리과정에서 꼭 필요한 내용을 다루고 있어 다행이지만, 교육 시설에서 다루는 것만으로 아이의 사회적 기술이 충분히 성장하긴 어렵습니다. 앞에서도 언급했듯이, 사회적 기술은 아이들이 이미 가정에서 배우고 익힌 것들이 유치원에서 더불어 생활하는 경험을 통해 더욱 성장하는 과정이지, 유치원에 입학한 뒤에 새롭게 배우는 것이 아닙니다. 따라서 유아기 아이의 부모는 아이에게 구체적인 사회적 기술을 가르치는 데 관심을 기울여야 합니다.

유아기 아이들뿐 아니라 초등학생들도 억울한 일을 겪었을 때 왜 제대로 자기 마음을 표현하지 못했는지 묻는 질문에 대부분의 아이들이 "뭐라고 말해야 할지 몰라서요."라고 대답합니다. 부모는 아이에게 '다른 사람과 어떤 문제가 생기면, 마음을 진정한 다음 차근차근 자기 생각을 말해야 한다.'라고 백만 번 가르쳤다고 말하지만, 아이들은 제대로 배우지 못한 안타까운 상황입니다. 아이들이 다양한 사회적 기술을 익히는 동시에 이를 상황에 맞게 활용할 수 있도록 도움을 주어야 합니다.

이제 구체적인 사회적 기술에는 어떤 것이 있는지, 아이가 그것을 상황에 맞게 활용할 수 있도록 가르치는 방법은 무엇인지 살펴보겠습니다. 학자들은 사회적 기술을 다양하게 분류하고 있습니다. 여기서는 아이들에게 가장 유용한 사회적 기술을 소개하려 합니다.

또래 관계 기술 칭찬하기, 지지하기, 도움 주기, 친구를 놀이에 초대하기

자기관리 기술 속상한 감정 조절하기, 흥분한 감정 조절하기, 갈등 상황에
서 타협하기

순응 기술 지시를 이행하기, 규칙 준수하기, 자유시간 적절히 활용하기

주장 기술 대화 시작하기, 칭찬 받아들이기, 거절하기

위에 나온 기술들을 일주일에 한 가지씩 가르친다고 생각하면 좋겠습니다. 아이에게 매주 한 가지 미션을 주고, 마치 재미있는 작전을 수행하듯이 말해 보세요.

— 이번 주 미션은 친구 한 명에게 한 가지 칭찬을 해 주는 거야. 어때, 할 수
있겠어?

— 친한 아이와 별로 친하지 않은 아이 중, 누구에게 먼저 해 볼까?

— 친구에게 어떤 칭찬을 할래?

실제로 상담실에서 아이의 사회성을 키워 주기 위해 이런 방법을 그대로 적용하면, 아이들은 신이 나서 칭찬할 거리를 찾고 실천합니다. 다음 주에 올 때 의기양양하게 들어와서 "선생님, 제가 작전 완수했어요!"라고 외치지요. 이와 같은 미션을 일주일에 한 번만 실천해도 아이의 사회적 기술은 쑥쑥 자라게 될 거예요.

친구와의 관계를 돈독히 하는 대화 중에 가장 쉽고 효과적인 것이

바로 칭찬하기라는 사실을 기억하세요. 많은 부모들이 아이가 친구와 문제가 생겼을 때 어떻게 도와주어야 할지 질문하지만, 정작 아이에게 별문제가 없을 때는 아무것도 가르치지 않습니다. 갈등 상황을 해결하는 것은 어른들에게도 어려운 문제입니다. 아이가 친구들과 문제없이 잘 지낼 때 일상에서 쉽게 활용할 수 있는 칭찬하기를 먼저 가르치고 연습할 수 있도록 도와주세요.

물론 갈등 상황에서 타협하는 기술도 중요합니다. 친구 한 명은 블록 놀이를 하고 싶고, 다른 한 명은 보드게임을 하고 싶은 상황이라면 어떤 사회적 기술이 필요할까요? "넌 왜 맨날 네가 하고 싶은 것만 하니?"라며 삐치고 따지거나 친구의 의견을 들은 체도 하지 않고 자기가 원하는 대로만 하면 안 되겠지요.

부모　친구와 서로 다른 놀이를 하고 싶구나. 어떻게 하면 좋을까?
아이　지난번에 네가 놀고 싶은 거 했으니까 이번엔 내가 놀고 싶은 걸로 할래.
부모　가위바위보로 정하면 어때?

서로 타협해 가는 과정을 아이에게 말로만 설명하는 것이 아니라, 실제로 엄마 아빠가 먼저 그러한 상황의 모델이 되어 행동과 대화로 보여 주는 것이 좋습니다. 부모와의 경험에서 배우는 대화야말로 진짜 아이의 언어가 될 수 있으니까요. 이런 경험을 한다면 아이는 친구와의 관계에서도 자연스럽게 사회적 기술을 활용할 수 있습니다.

다음은 각각의 사회적 기술을 적용한 대화 예시입니다. 이를 응용하여 아이에게 일주일에 한 번 사회적 기술 미션을 주고 일상에서 활용할 수 있도록 도와주세요. 아이의 사회성 발달에 큰 도움이 될 거예요.

사회적 기술	대화 예시
칭찬하기	넌 이런 점을 참 잘해. 일등 한 거 축하해.
지지하기	네 의견이 좋아. 나도 너랑 같은 생각이야.
친구를 놀이에 초대하기	○○아, 너도 같이 놀자. 너도 이리 와. 난 너랑 놀고 싶어.
속상한 감정 조절하기	이런 점이 속상해요. 잠시 앉아서 진정하고 올게요.
흥분한 감정 조절하기	너무 기분이 좋아서 뛰고 싶어요. 그래도 마음을 진정해 볼게요.
갈등 상황에서 타협하기	난 너와 의견이 달라. 우리 어떻게 할까? 가위바위보로 정할까?
지시를 이행하기	선생님이 뭐라고 하셨지? 아! 선생님이 지금 정리하라고 하셨어.
규칙 준수하기	마음에 들지 않지만 규칙이니까 지켜야 해. 난 규칙을 지킬 거야.
자유시간 적절히 활용하기	자유시간에 뭘 할까? 난 그림책을 봐야지.
대화 시작하기	○○아, 너에게 할 말이 있어. ○○아, 넌 어떻게 생각해?
칭찬 받아들이기	칭찬해 줘서 고마워. 너도 참 잘했어.
거절하기	난 지금 하기 싫어. 다음에 같이 하자.

학습 관련 사회적 기술을 키우는 지혜

앞에서 대인 관계에 필요한 사회적 기술을 살펴봤습니다. 그런데 놓치면 안 되는 중요한 사회적 기술이 한 가지 더 있습니다. 바로 학습과 관련된 사회적 기술입니다. 유아의 학습과 관련된 사회적 기술 이론을 체계화한 미국의 발달심리학자 메건 맥클리랜드(Megan McClelland)를 비롯한 연구자들은 "학습 관련 사회적 기술은 교사의 지시를 잘 듣고 지시대로 따르기, 집단 활동에 적절하게 참여하기, 과제 지속하기, 작업 수행을 위한 학습자료 조직하기로 구성된다."라고 정의합니다. 이에 따르면, 학습 관련 사회적 기술에는 다른 아이들과 협력할 줄 아는 협력성, 자신의 의견을 적절하게 표현하는 주장성, 갈등 상황에서 감정을 적절하게 조절하는 자기 조절, 맡은 일을 적절히 수행하고자 하는 책임감, 과제나 활동을 할 때 집중하고 스스로 완성해 내는 과제 수행 능력 등의 개념이 포함됩니다.

학습 관련 사회적 기술이 중요한 이유는 유아기부터 학습 수행에 도움이 되는 행동을 연습해야 학령기 학업 수행의 기초가 다져지고 인지 능력에도 긍정적인 영향을 미치기 때문입니다. 연구에 따르면, 학습 관련 사회적 기술이 낮은 아이는 유치원에 입학할 시점에 학업 수행 능력이 또래 아이에 비해 낮았고 이후 3년 동안 계속해서 떨어졌다는 결과도 있습니다. 또한 유아기의 학습 관련 사회적 기술 수준을 통해 초등학교 2학년이 되었을 시점의 읽기 및 수학 성적을 예측할 수 있으며, 학업적으로 어려움을 겪고 있는 위험군 아동에게 학습 관련 사회적 기술을 가르쳤더니 긍정적인 영향을 미쳤다는 사실이 검증된 바 있습니다.

아이들을 관찰해 보면, 4세만 되어도 벌써 학습 과제를 대하는 태도에서 아이들마다 차이가 나기 시작합니다. 자신이 해 보지 않았거나 잘하지 못하는 과제, 즉 도전적 과제를 끝까지 해내는 아이가 있는 반면, 시작은 했지만 쉽게 포기하는 아이, 아예 시도조차 하지 않는 아이도 있습니다.

아이가 '배우고 익히는 것'이 즐겁지 않은 모습을 보인다면, 학습 관련 사회적 기술의 발달에 적신호가 들어온 것으로 이해해야 합니다. 이대로 가면, 아이는 억지로 시킬 때만 겨우 하는 척하는 모습을 보일지도 모릅니다. 학습 역량을 충분히 기르지 못한 상태에서 무리하게 배우고 힘겹게 과제를 하다 보니 배우는 게 재미없고 자신감도 떨어져, 부모나 교사의 강요가 없으면 더 이상 수행하지 않는 부작용만 남을 거예요.

그렇다면 유아기 아이의 학습 관련 사회적 기술이 잘 발달하고 있는지 살펴보는 일이 너무 중요하겠습니다. 우리 아이는 어떠한지 다음 질문에 답해 보세요.

① 교사의 지시에 잘 따르나요?
② 도움을 청하기 전에 스스로 문제를 해결하기 위해 노력하나요?

③ 과제를 완성했을 때 만족감과 자신감을 보이나요?

④ 자르고 붙이기 등 두 가지 이상의 활동을 조직적으로 완성하나요?

⑤ 과제를 성공적으로 완성하나요?

⑥ 새로운 도전 과제를 시도하나요?

⑦ 과제나 활동에 의욕을 보이나요?

⑧ 주변 상황에 방해받지 않고 과제에 집중을 잘하나요?

⑨ 친구의 의견을 수용할 줄 아나요?

⑩ 자발적으로 친구와 협동하나요?

⑪ 순서를 잘 지키고 자기 차례를 기다리나요?

⑫ 교사의 도움을 기다리는 동안 다른 활동을 적절히 찾아서 하나요?

⑬ 활동에 적합한 장소를 찾을 수 있나요?

⑭ 과제 수행 중에 친구가 말을 걸면 잠시 대화하고 다시 과제로 돌아갈 수 있나요?

⑮ 자기 연령에 적합한 어휘를 구사하나요?

⑯ 그림책을 읽어 주면 잘 이해하나요?

⑰ 읽기와 쓰기 능력이 또래의 평균 수준인가요?

위에 제시된 사항은 교사의 지시를 잘 듣고 수행하기, 자기 과제 완수하기, 협동 과제에서 친구와 소통할 줄 아는 능력 등을 모두 포함한 유아기 학업 관련 사회적 기술들입니다. 최소한 절반 이상의 질문에 '네'라고 답할 수 있어야 아이가 학령기에 접어들었을 때 공부에 적극적인 태도를 보일 것이라 예상할 수 있습니다.

유아기 발달을 연구한 많은 학자들은 학교 적응과 학업 성취에 있어 학습 관련 사회적 기술이 대인 관계 기술보다 더 중요하다고 강조합니다. 또한 학습 관련 사회적 기술이 부족한 아이가 더 많은 문제 행동을 보인다고 이야기합니다. 어릴 때 친구들과 함께 씩씩하게 잘 놀면 아이의 사회성이 잘 자랄 거라 기대했던 부모들은 초등학교 입학 후 아이가 수업 시간에는 산만하고 친구 관계에서도 문제를 겪는 모습을 보며 의아해하지요. 그런 모습을 보이는 아이들에게서 나타나는 공통점이 바로 학습 관련 사회적 기술의 부족입니다.

따라서 아이의 사회성을 잘 키워 주려면, 대인 관계에 필요한 사회적 기술뿐만 아니라 학습 관련 사회적 기술의 발달에도 신경을 써 주어야 합니다. 이때 유의할 점은 학습 관련 사회적 기술이 중요하다고 강조하는 것이 선행학습을 미리 많이 시켜야 한다는 의미가 결코 아니라는 것입니다.

메건 맥클리랜드는 학습 관련 사회적 기술에 필요한 네 가지 요소를 숙달, 자기 주장, 자기 조절, 순응이라고 설명합니다. 숙달이란 혼자 힘으로 과제를 수행하고 지속하여 완성하는 능력을 말합니다. 아이들은 과제를 혼자 힘으로 거뜬히 잘 해내는 힘을 키워야 하지요. 자기 주장은 상대방의 권리를 침해하지 않으면서 자신의 느낌과 생각, 의견, 요구 등 자신이 표현하고 싶은 것을 솔직하게 상대방에게 표현하는 행동을 말합니다. 아이들의 학습 과정에는 많은 협동학습과 모둠활동이 포함되어 있습니다. 그런 활동에서는 적절하게 자기 주장을 펼칠 수 있는 능력이 매우 중요합니다. 자기 조절이란 순간의 충동적 욕구나 행동을 자제하고 장기적인 목표를 달성하기 위해 즐거움과 만족을 지연시키는 능력입니다. 과제가 어렵고 힘들어 하기 싫더라도 완성했을 때의 뿌듯함을 생각하며 참고 해내려면 자기 조절력이 필수이지요. 순응이란 사회적 규칙과 기대, 행동 기준을 잘 따르면서 사람들과 조화롭게 지내는 것을 의미합니다. 교사의 지시를 잘 따르고 규칙을 지키며 주어진 역할을 충실히 해내는 능력 역시 아이의 학습 능력에 큰 영향을 미칩니다. 이와 같은 요소들이 잘 갖춰져야 아이가 과제나 활동에 집중하여 성공적으로 수행해 내고 성장에 필요한 다양한 학습을 할 수 있습니다.

이제 우리 아이의 학습 관련 사회적 기술을 키워 주는 구체적 방법에 대해 알아보겠습니다.

첫째, 숙달을 위한 반복 활동에 아이가 흥미를 가질 수 있도록 도와주세요. 학습과 관련된 일은 모두 반복을 기본으로 하지요. 이때 아이에게 강요하는 방식을 쓰면 숙달하는 데 약간의 도움은 될 수 있지만, 장기적으로는 부정적 영향을 주게 됩니다. 따라서 아이가 숙달이 필요한 반복 활동을 재미있는 놀이로 인식할 수 있어야 합니다. 가령 카드 놀이를 하거나 장난감 자동차의 개수를 세다 보면 즐겁게 수 세기에 익숙해질 수 있다는 사실을 아이가 깨닫도록 하는 것이죠. 아이가 흥미를 보이는 주제의 책들을 자주 읽는 것도 효과적입니다. 그런 과정을 통해 아는 것도 많아지고, 읽기 자체가 숙달되고 습관이 됩니다.

─── 숫자카드 놀이를 하니 저절로 수 세기를 잘하는구나.
─── 책을 자주 읽으니 아는 게 많아지네.
─── 이름 글자 찾기 놀이 해 볼까?

둘째, 아이가 당당하게 자기 주장을 하는 경험을 많이 하게 해 주세요. 놀이, 옷 입기, 책 읽기 등 아이가 자기 의견대로 행동할 수 있는 부분들이 있지요. 그런 상황에서 아이가 자기 의견을 자신 있게 말하고 성공적으로 실천하는 경험이 필요합니다. 놀이에는 이미 정해진 규칙도 있지만, 같이 노는 친구들이 동의한다면 얼마든지 규칙을 바꿀 수 있어요. 소꿉놀이, 자동차 놀이, 주사위 놀이 등 다양한 놀이에서 아이가 새롭게 규칙을 정하고 재미있게 노는 경험을 하게 해 주세요. 이러한 과정에서 자기 주장의 성공 경험이 쌓이면 아이는 협동학습이나 모둠활동에서도 당당하게 자기 주장을 하고 성공적으로 실천하는 모습을 보이게 됩니다. 다만 아이는 아직 새로운 규칙을 만들거나 다른 방식으로 노는 법을 잘 모르니 부모가 먼저 색다른 의견을 제시해 시범을 보여 주는 과정이 필요하지요.

─── 자동차 놀이를 어떤 방법으로 하고 싶어?

─── 지는 사람이 이기는 가위바위보 할까?

　　─── 발로 하는 가위바위보는 어때?

　　─── 거꾸로 달리기 경주 할까?

　셋째, 자기 조절을 성공적으로 해내는 경험을 많이 하게 주세요. 힘든 과제를 하거나 실천하기 어려운 규칙을 지켜야 할 때, 아이가 자신의 마음을 조절해서 끝까지 잘 완수할 수 있도록 해야 합니다. 아이가 싫어하고 짜증 낸다고 해서 꼭 해야 하는 일을 하지 않아도 된다며 허용하는 건 자기 조절력을 키우는 데 큰 방해가 됩니다. 이럴 때는 아이의 힘든 마음에 공감하되 조금 기다려 주면서 아이에게 마음을 조절하는 방법을 가르쳐 주는 것이 중요해요. 또한 아이가 하기 싫다고 할때 약간의 흥미를 가질 수 있도록 도와주는 대화도 필요합니다. 이런 과정을 통해 아이는 처음엔 거부했던 걸 끝까지 해내는 동시에 자기 조절력도 키워 갈 수 있습니다.

　　─── 어떤 점이 어려운 것 같아?

　　─── 쉽게 하려면 어떻게 해야 할까?

　　─── 한 문제 풀고 쉬었다가 다시 하면 훨씬 수월하게 할 수 있단다.

　　─── 쉬운 문제를 먼저 풀면 나머지도 거뜬히 할 수 있지.

　넷째, 지시와 규칙에 순응하는 힘을 키워 주세요. 시키는 대로 따르는 것을 소극적이고 수동적인 행동으로 생각하는 경우가 많습니다. 그런데 절대 그렇지 않아요. 순응해야 할 때와 자기 주장을 할 때는 다르니까요. 아이는 먼저 선생님의 지시와 공동생활의 규칙을 따를 줄 알아야 합니다. 줄을 서서 차례를 기다리고, 혼자만 발표하겠다고 나서지 않고, 수업 시간에는 선생님의 말씀을 잘 들어야 하지요. 이런 태도를 갖춰야 주변 친구들과 조화롭게 잘 지내며 자기 학습도 잘 해 나갈 수 있습니다. 아이와 지시 따르기 카드 놀이를 해 보세요. 아이가 카드에 지켜야 할 규칙들을 직접 쓴 다음, 무작위로 카드를 선택해 카드에 쓰인 대로 잘 지키는 놀이입니다. 이런 놀이를 통해 지시 및 규칙에 순응하는 능력을 더 흥미롭게 키울 수 있습니다.

—— 신발 가지런히 정리하기
—— 비누칠해서 스무 번 손 비비면서 씻기
—— 만세 열 번 부르기
—— 일어서서 왼발 들고 오른손 들고 다섯 번 뛰기

친구 문제 해결을 위한 대화의 지혜

아이가 친구와의 문제로 어려움을 겪을 때 어떤 말을 해 주나요? 어떤 말이 우리 아이로 하여금 갈등에 대한 문제 해결력을 기르고 사회성을 키우게 할 수 있을까요? 먼저 잔소리는 아이 귀에 전혀 들리지 않는다는 사실을 기억해야 합니다. 아이가 어른들의 말에 귀 기울여 배우려는 마음이 준비되었을 때 가르쳐야, 아이는 그 말을 제대로 익히고 실천에 옮길 수 있습니다. 그렇다면 이제 친구와의 문제로 속상해하는 아이에게 어떤 말을 가르치고 표현하도록 도와주어야 하는지 다음 사례를 통해 살펴보겠습니다.

아이	너무해. 친구들이 나랑 놀기 싫다면서 자기들끼리 놀았어.
부모	① 속상했겠다. 어떡해.
	② 너도 같이 놀고 싶다고 말했는데 친구들이 안 들어준 거야? 선생님한테 말했어? 그럴 땐 선생님한테 말하는 거야.
	③ 너도 친구들한테 그런 적 있잖아. 그러니까 그런 말 하면 안 된다고, 사이좋게 지내야 한다고 엄마가 말했지? 이젠 그러지 마.
	④ 누가 너한테 안 논다고 말했니? 엄마가 그 애 엄마한테 전화해서 그러지 말라고 말해 줄게.

①은 아이의 기분을 알아주고, 아이 편이 되어 속상한 마음을 위로해 주려 애쓰고 있습니다.

②는 문제의 해결책을 알려 주고 있습니다.

③은 아이의 사회성이 걱정된 나머지 역지사지의 마음을 가르치고 있습니다.

④는 아이들 사이에서 일어난 일을 어른과 어른의 문제로 전환시키고 있습니다.

위의 모든 대화가 잘못된 건 아닙니다. 하지만 아이 마음에 공감해 주려다가 아이가 자기 감정에 매몰되게 하거나, 문제 해결을 위해 부모가 지나치게 개입해서 아이의 사회성 발달에 오히려 방해가 되고 있습니다.

이럴 때는 간단한 원칙에 입각해 아이 스스로 문제 해결 과정을 생각해 볼 수 있도록 도와주세요.

① 아이의 속상한 마음을 충분히 공감해 주세요.
—— 많이 속상했겠다. 이리 와. 엄마가 안아 줄게.

② 아이가 진정되면 그 일의 전체 맥락을 이해하도록 도와주세요.
—— 어쩌다 그런 일이 생겼지? 친구가 그런 말을 하기 전에 무슨 일이 있었니?

③ 알고 보면 아이가 먼저 친구들의 제안을 거절했을 수도 있고, 가벼운 의견 충돌 때문에 친구들과 어울리기 어려웠을 수도 있어요. 아이가 친구에게 했던 반응도 알아야 제대로 도와줄 수 있습니다.
—— 그래서 너는 뭐라고 했어? 어떻게 행동했어? 그 상황에서 친구가 뭐라고 말해 주면 좋겠니?

④ 친구에게도 나름의 이유가 있었음을 생각해 보도록 도와주세요.

······ 그런데 그 친구는 왜 그렇게 행동했을까? 그 친구가 원한 건 뭘까?

⑤ 내일 다시 유치원에 가서 친구들과 스스럼없이 놀 수 있도록 도 와주세요.

······ 내일은 어떻게 하고 싶어? 친구 만나면 뭐 하고 놀 거야?

부모가 과민하게 반응해서 아이들에게 얼마든지 생겨날 수 있는 소소한 갈등을 너무 크게 만들지 않으면 좋겠습니다. 어떤 경우든 아이들은 결국 친구와 함께 즐겁게 놀고 싶어 합니다. 그러니 친구가 우리 아이를 소외시켰다고 단정 짓기 전에 우리 아이가 먼저 친구를 거절했을 수도 있다는 것을 염두에 두고, 이번 경험을 통해 아이가 잘 배울 수 있도록 도와주겠다는 마음가짐을 갖는 것이 중요합니다.

물론 그렇게 마음먹어도, 아이가 유치원에서 돌아와 친구들이 놀아주지 않는다며 울먹거리면 말문이 막힐 때가 많을 거예요. 위와 같은 대화 원칙을 알고 있으면 무척 유용하지만, 대화 상황에 곧바로 대입해야 할 때는 어떻게 자연스럽게 말을 풀어 가야 할지 조금 막막할 수 있어요. 그렇다면 다음 페이지의 편지 내용을 참고해 주세요. 아이의 친구 관계 문제로 고민하는 부모님들이 보내는 질문에 제가 편지로 답한 내용입니다.

아이의 사회성 문제로 걱정하는 부모님께 드리는 편지

안녕하세요?

아이가 친구와 그런 일이 있었다니 부모님도 무척 속상하고 안타까우실 것 같아요. 하지만 부모는 마음을 추스르고 우리 아이를 어떻게 도와주어야 할지 고민하여 지혜롭게 대처해야 해요.

힘내시고 제 설명에 귀 기울여 주세요.

친구가 안 놀아 준다고 아이가 속상해할 때, 첫 번째로 부모가 할 일은 그 문제를 해결해 주는 것이 아니라, 우리 아이 마음에 공감해 주는 것입니다. "친구랑 같이 놀고 싶었구나. 친구가 그런 말을 해서 속상했구나." 하고 천천히 몇 번 말하며 아이를 다독여 주세요. 그럼 조금 시간이 지난 후에 아이는 울음도 그치고 진정될 거예요.

두 번째는 "그래서 넌 어떻게 대처했어?"라고 아이에게 담담하게 물어보는 것입니다. 아이에게 조언을 하기 위해서는 아이가 그 상황에서 어떻게 대처했는지 알아야겠지요. 이때 부모는 평정심을 유지하는 것이 중요합니다. 아마 이런 대화가 진행되겠지요?

아이	아무 말도 못 했어.
엄마	에구, 정말 많이 당황했나 보다. 그럼 그 자리에 서 있었어? 아니면 다른 곳으로 갔어?
아이	다른 데로 가서 앉아 있었어.
엄마	마음 진정하려고 애썼구나. 맞아?
아이	응, 그다음엔 선생님이 책을 읽어 주셔서 들었어.
엄마	정말? 잘했네. 마음 진정시키고 선생님이 읽어 주는 책에 집중을 했구나. 엄만 네가 침착하게 너무 잘한 것 같아.

어떤가요? 이런 대화를 통해 아이는 자신이 상처받고 당황스러운 상황에서도 마음을 잘 추스르고 해야 할 일에 집중할 수 있는 사람이라는 걸 깨닫습니다. 정말 중요한 대화입니다.

세 번째는 친구의 마음을 이해해 보는 대화를 나누는 것입니다.
"그런데 그 친구는 왜 그런 말을 했을까?"
이 질문은 아이의 공감을 이끌어 줍니다. 친구의 입장이 되어, 어떤 마음이었기에 나에게 그렇게 말할 수밖에 없었는지 생각해 보게 하는 거예요. 물론 이렇게 한다고 해서 아이가 쉽게 친구의 마음을 짐작하지는 못합니다. 엄마가 먼저 몇 가지 이유를 추측해서 말해 주는 게 좋아요.

"○○이가 그냥 기분이 안 좋았나? 혹시 너한테 서운한 점이 있었나? 둘이 좀 다툰 적이 있었어?"

이렇게 조금씩 친구의 상황과 입장을 생각해 보게 하는 겁니다.

"내가 전에 다른 애랑 놀 때 ○○이가 같이 놀자고 해서 '난 지금 얘랑 놀 거야.'라고 말했는데, 그래서 그런가?"

아이가 이렇게 입장을 바꿔 생각해 보고 친구의 마음을 이해할 수 있다면, 이제 그다음은 아이에게 맡겨도 됩니다. 아이들끼리 정말 심하게 다투거나 몸싸움이 있을 때는 선생님의 도움을 청하는 것이 맞습니다. 하지만 아이들끼리 소소한 의견 충돌이 있거나 서로 가까워지고 멀어지는 과정에는 이 정도의 대화가 아이의 사회성을 도와주는 효과적인 방법이 될 수 있습니다.

참, 아이가 혼자 놀았다고 하면 마음 아파하기보다 혼자 놀 줄 아는 걸 칭찬해 주세요. 아이는 혼자 놀 줄 알아야 해요. 그리고 혼자 재미있게 놀다 보면 자연스럽게 친구들이 다가옵니다. 아이 혼자 소꿉놀이도 하고 역할극도 하고 그림을 그려도 좋아요. 그러다 보면 분명히 친구가 다가와 "뭐 해?"라고 묻게 될 거예요. 그럴 때 친절하게 대화를 이어 가고, 원한다면 함께 어울려 놀면 된다고 알려 주세요.

또 부모가 바쁠 때 아이가 부모의 상황은 고려하지 않고, "엄마(아빠), 이거 해 줘!"라고 칭얼댄다면 상황에 맞는 대화를 가르쳐 주세요. 지금 어떤 상황인지 제대로 이해하지 않고 자기 요구만 한다면, 바로 그 순간이 우리 아이의 사회적 상황 이해 능력을 키워 줄 기회입니다.

부모   "엄마(아빠), 지금 뭐 하세요?"라고 물어봐 줄래?

아이   엄마(아빠), 지금 뭐 하세요?

부모   지금 다음 달 지출 계획을 세우고 있어. OO이 필요한 거 있니?

아이   응, 같이 놀고 싶어요.

부모   좋아. 단, 엄마(아빠)가 이 일을 다 해야 하니까 10분만 기다려 줘. 시계 긴 바늘이 6에 가면 놀자.

아이가 숫자를 모르면 시계에 스티커를 붙여 놓으면 됩니다.

이런 대화가 평소에 이루어진다면 우리 아이의 사회성은 엄청나게 발전할 거예요.

사회성이 쑥쑥 자라는
다섯 가지 심리독서법

사회 인지 능력을 키우는 그림책 표지 대화

사회성의 밑바탕은 바로 사회적 상황 맥락을 이해하는 사회 인지 능력입니다. 그림책으로 아이의 사회 인지 능력을 키우는 매우 효과적인 방법이 있습니다. 바로 그림책 표지만 보면서 대화를 나누는 것이지요. 그림책 표지에는 제목과 그림이 있고, 저자의 이름과 출판사 이름도 있어요. 책에 따라서 이 책이 어떤 책인지 정보를 주는 글이나 부제목이 쓰여 있기도 합니다.

아이와 함께 이런 정보를 하나하나 살펴보며 무슨 내용일지 예측해 보고, 주인공의 특징과 성격, 앞으로 벌어질 사건들을 추측해 보세요. 표지를 보며 제목과 그림 속에 숨어 있는 의미를 알아차리는 활동은 주변 상황을 인지하고 상황 속 맥락을 이해하는 사회 인지 능력을 키우는 데 큰 도움이 됩니다.

이제 『내 귀는 짝짝이』(히도 반 헤네흐텐 글·그림, 장미란 옮김, 웅진주니어, 2008년)라는 그림책 표지를 보며 아이의 호기심을 불러일으킬 만한 질문을 만들어 보겠습니다. 독특한 외모로 따돌림당하던 토끼가 친구들과 화해하는 이야기로, 누구나 저마다 다른 생김새를 가졌고 남들과 다르다고 차별하면 안 된다는 깨달음을 전하는 책입니다.

─── 제목이 왜 '내 귀는 짝짝이'일까?

─── 짝짝이란 말은 무슨 뜻일까?

─── 너는 토끼 귀가 짝짝이라고 생각해?

─── 누가 토끼에게 짝짝이 귀라고 말했을까?

─── 토끼는 왜 귀를 잡고 있을까?

─── 토끼가 잡고 있던 귀를 놓으면 어떻게 될까?

─── 토끼의 표정을 보니 토끼는 지금 어떤 기분일 것 같아?

─── 토끼는 자기 귀를 좋아할까?

─── 토끼는 왜 당근을 손에 쥐고 있을까?

─── 토끼는 당근으로 무엇을 할까?

─── 지금 토끼는 어디에 있을까?

─── 지금 무슨 계절이고, 시간은 언제일까?

- 토끼는 남자일까, 여자일까?
- 토끼의 나이는 몇 살일까?
- 그림에는 안 보이지만 토끼 주변에는 무엇이 있을까?
- 이 책에는 토끼 말고 또 누가 등장할까?
- 네 몸에도 짝짝이인 곳이 있니?
- 귀가 짝짝이여서 좋은 점과 불편한 점은 무엇일까?
- 귀가 짝짝이인 토끼에게 앞으로 무슨 일이 벌어질까?
- 혹시 누군가가 토끼를 짝짝이라고 놀리면 어떡하지?
- 그럼 이 토끼를 어떻게 도와주고 싶어?

이 질문들을 보며 어떤 생각이 드나요? 질문을 읽으며 동시에 대답을 고민하는 자신을 발견하나요? 좋은 질문은 듣는 사람이 생각하게 만드는 질문입니다. 어떤 질문이 우리 아이로 하여금 토끼와 그 주변에 관해 미처 몰랐던 것들을 생각하게 할지 궁금합니다. 그림책 표지를 보며 아이에게 위와 같은 질문 몇 가지를 던져 보세요. 한 걸음 나아가 아이와 함께 직접 질문을 만들어 본다면 사회 인지 능력 발달에 더 도움이 됩니다.

사실 더 다양한 질문을 만들 수 있습니다. 질문을 만드는 '관점'에 따라서도 질문을 만들 수 있지요. 위의 질문들이 아이의 사회 인지 능력을 키우고 싶은 부모와 교사의 입장에서 만든 질문이라면, 이 책을 쓰고 그린 작가의 입장에서 생각하고 고민하는 질문들도 가능합니다.

'토끼를 다른 모습으로 그려야 한다면 어떤 모습으로 그릴까? 어떤 색을 칠할까? 크기와 표정은?' 작가 입장이 되니 점점 더 많은 질문이 떠오르지 않나요? 책을 만들어 출판하는 편집자의 입장으로 질문을 만들어 보는 것도 좋습니다. '네가 이 토끼 이야기를 책으로 만든다면 어떤 제목을 붙이고 싶어?' 또는 '책 속의 여러 장면 중 어느 장면이 가장 사람들의 관심을 끌까?'와 같은 질문이 있겠지요.

아이와 함께 그림책 표지를 보며 작가나 편집자, 책을 구입할 독자 혹은 이 책을 보는 초등학생 언니나 형은 어떤 생각을 할지, 각각의 관점에서 생각해 볼 수 있는 질문들을 만들고 대화를 나누어 보세요. 다양한 사람들의 입장에서 생각해 보는 연습을 통해 우리 아이의 사회인지 능력이 쑥쑥 자랄 거예요.

건강한 친구 개념을 키우는 그림책 심리독서

"엄마, 친구가 뭐야?" 아이가 이렇게 물으면 어떻게 대답하시겠어요? 친구의 사전적 의미는 '가깝게 오래 사귄 사람'입니다. 그런데 우리 아이는 이제 친구를 만들어 가기 시작하는 시기라서 오래 사귄 사람이 없어요. 그렇다면 어떤 사람을 친구라 부를 수 있는지, 친구의 개념부터 아이 마음속에 자리 잡게 해야 합니다. 아이가 좋은 친구 관계를 만들어 가길 바란다면, 친구란 어떤 존재인지, 어떤 친구가 되어 주는 게 좋을지 이야기 나누어 보세요.

『브루키와 작은 양』(M. B. 고프스타인 글·
그림, 이수지 옮김, 미디어창비, 2021년)을 아이
와 함께 읽어 보세요. 브루키는 작은 양을
무척 사랑합니다. 그래서 노래하는 법도
가르치고, 책 읽는 법도 가르치지만 작은
양은 '매애 매애' 하는 소리를 낼 뿐이었어
요. 그럼에도 브루키는 작은 양을 아끼며
양을 위해 무언가를 해 주려 합니다.

—— 브루키는 왜 작은 양을 사랑했을까?
—— 함께 산다고 해서 작은 양을 엄청나게 사랑할 수 있을까?
—— 브루키가 작은 양에게 노래를 가르친 이유는 뭘까?
—— 아무리 가르쳐도 작은 양이 '매애 매애' 하는 소리만 반복할 때 브루키
　　는 어떤 마음일까?
—— 브루키가 작은 양과 이 모든 것을 함께 하고 싶었던 이유는 뭘까?

　위의 질문에 아이가 대답하는 말들은 아이가 가진 친구라는 존재에
대한 이미지를 표현하는 것이라 볼 수 있습니다. 상담실에서 어떤 아
이와 나눈 대화입니다.

　상담사　브루키는 왜 작은 양에게 무언가를 계속 가르쳐 주려고 할까?

아이　작은 양이 브루키를 좋아해 주니까.

상담사　작은 양이 브루키를 좋아한다는 걸 어떻게 알아?

아이　양이 계속 브루키만 보고 따라다니잖아요.

　양의 시선이 계속 브루키를 향하고 있는 장면이 아이의 눈에 강렬하게 보였나 봅니다. '친구란 좋아서 계속 눈이 가고 늘 함께하고 싶은 사람'이라 생각하는 아이의 심리가 드러나는 말입니다.

　중요한 질문이 있습니다.

　브루키는 양에게 계속 노래를 가르치고 싶을 텐데 어떻게 가르치면 좋을까?

　아이가 정답을 맞히지 못해도 좋습니다. 그저 미리 한번 추측해 보는 것만으로도 양의 입장에서 생각할 기회가 되니까요. 부르키는 더 이상 자기 방법을 고수하지 않고, 양이 원하는 노랫말을 만들었습니다. 과연 그 노랫말은 어떤 내용일까요?

　내가 좋아하는 걸 함께 하고 싶은 마음도 좋지만, 상대가 원하지 않으면 다른 방법을 찾아 가는 노력도 필요하지요. 아이는 책을 통해 그런 과정을 거쳐 친구와 좋은 관계를 이어 갈 수 있다는 지혜를 자연스럽게 배우게 됩니다. 친구란 이렇게 서로 다름을 인정하고 상대가 원하는 방식으로 다가가는 것임을 간결한 글과 그림으로 진솔하게 전달할 수 있다는 사실이 신기하게 여겨지는 책입니다.

아이에게 친구에 대한 다양한 개념을 키
워 주고 싶다면 『친구의 전설』(이지은 글·그
림, 웅진주니어, 2021년)도 읽어 보세요. 먼저
책 표지를 넘겨 면지를 보세요. 호랑이가
민들레를 보고 못 움직인다고 놀리며 자기
가 놀아 주겠다고 합니다. 그러고는 민들
레 잎을 쭈욱 잡아당깁니다. 그림을 보고
아이와 대화하며 호랑이의 성격을 짐작해 보세요.

—— 호랑이는 왜 민들레를 놀릴까?

—— 민들레는 이런 놀림을 받고 어떤 마음일까?

—— 호랑이는 민들레 잎을 잡아당기면 민들레가 아파한다는 걸 모를까?

—— 호랑이가 민들레에게 원한 것은 무엇일까?

—— 새가 와서 호랑이를 혼내자 호랑이가 그런 게 아니라고 대꾸했어. 이게
    무슨 의미일까?

이런 대화가 아이로 하여금 고약해 보이는 호랑이의 마음속에 다른
의도가 있었음을 짐작하게 해 줄 것입니다. 이제 본격적으로 이야기
속으로 들어가 볼까요?

친구들은 맛있는 거 주면 안 잡아먹겠다고 외치는 성질 고약한 호랑
이를 모두 피합니다. 그런데 어느 날 갑자기 어디선가 꼬리 꽃이 슈웅

하고 나타나 호랑이 꼬리에 붙었어요. 다른 동물들은 하필이면 호랑이 꼬리에 붙은 꼬리 꽃을 가엽게 여기기도 했지만, 꼬리 꽃은 호랑이를 '누렁이'라고 부르며 살갑게 굴어요. 그런데 어느 날 누군가가 도와 달라고 소리를 칩니다. 꼬리 꽃은 싫다는 호랑이를 설득해 위기에 빠진 친구를 도와주러 갑니다. 아이가 관심을 보이는 대사와 그림을 보며 대화를 나누어 보세요.

---- 호랑이는 왜 위기에 빠진 친구를 도와주기 싫어했을까?
---- 도움받은 친구가 고맙다고 인사했을 때 호랑이의 마음은 어땠을까?
---- 다시는 귀찮게 하지 말라는 호랑이의 말은 진심이었을까?
---- 강을 건너지 못하는 동물 친구들을 보면서 호랑이는 속으로 어떤 생각을 했을까?
---- 호랑이가 계속 싫다고 하는데도 꼬리 꽃은 왜 자꾸 위기에 빠진 친구를 도와주자고 했을까?
---- 호랑이가 동물 친구들에게 진심으로 바란 건 무엇일까?

이 책은 어떤 친구가 진짜 좋은 친구인지, 어떻게 서로 친구가 될 수 있는지 잘 보여 주고 있습니다. 아직 조망수용 능력이 발달 중인 아이들은 거친 행동을 하는 친구를 무조건 나쁜 친구라고 생각하기도 합니다. 그런데 알고 보면, 그 친구는 아직 친구 사귀는 법을 제대로 배우지 못했고 거친 행동 속에 숨겨진 나름의 사정이나 속마음이 있을 수도 있

어요. 호랑이와 꼬리 꽃 이야기를 통해 아이들이 그런 점을 이해하고, 친구란 어떤 존재인지 그 의미를 마음속에 잘 간직하면 좋겠습니다.

세상에는 매우 다양한 모습의 사람들이 있고 사람마다 제각각 특성이 다른 만큼, 아이들이 그런 점을 조금이나마 이해하고 타인에게 다가가는 방법을 미리 알아 두는 것이 필요합니다. 『나의 우주를 보여 줄게』 (아나 타우베 글, 나타샤 베르거 그림, 이임숙 해설, 유영미 옮김, 뜨인돌어린이, 2023년)에는 뇌 신경의 차이로 인해 서로 다른 특성을 지  닌 친구들이 등장합니다. 발달장애, 주의력결핍과잉행동장애 등 신경다양성에 대한 이해를 도와주는 그림책이지요.

사람들이 자신의 말을 못 알아듣자 그림과 기호로 자신만의 언어를 찾는 미라, 늘 순서대로 규칙을 지켜야 마음이 편안하며 안전하다고 느끼는 팀, 작은 자극에도 마치 누군가가 공격하는 것처럼 느끼는 사라, 조금만 화가 나면 자신의 우주선을 망가뜨리기도 하는 애런. 이 아이들이 각각 나름의 방식으로 문제를 해결하고, 새로운 것을 배우고, 잠재력을 펼치며 우주를 모험하는 이야기가 전개됩니다.

이런 모습을 보이는 친구들은 모두 문제아이고 멀리해야 하는 걸까요? 그렇지 않습니다. 이 책은 이런 친구들 모두가 특별하며, 자신만의 우주를 탐험하고 있다는 매우 중요한 사실을 알려 주고 있습니다.

아이들은 실제 신경 다양성을 지닌 친구들을 만나면 일반적이지 않은 행동 특성 때문에 불편함을 느낄 수 있습니다. 이 책은 서로 다른 것이 틀린 것이나 나쁜 것이 아니며, 그 친구들이 자신만의 고유한 방식으로 독특하다는 사실을 우주에 비유해 알려 주고 있어요. 책을 읽고 나서 아이에게 다음과 같은 질문을 하며 대화를 나누어 보세요.

—— 책 속 아이들 중에 너와 비슷하다고 여겨지는 아이가 있니?

—— 너한테 문제가 있다고 생각한 적 있어?

—— 그건 정말 문제일까? 아니면 너만의 독특한 점일까?

—— 혹시 그 문제로 고민하거나 속상해한 적 있니?

—— 그 문제에 대한 너만의 대처 방법이 있니?

—— 그럴 때 어떤 도움을 받고 싶어?

—— 책 속 아이들에게 해 주고 싶은 말이 있니?

이런 대화를 통해 아이는 나와 상대방이 다를 수 있음을 알고 인정하고 수용해 주는 성숙한 친구의 개념을 배울 수 있습니다.

친구 상처를 회복하는 그림책 심리독서

친구 관계가 힘든 이유 중 하나는 자신의 불만족스러운 외모나 부족한 능력에 대한 콤플렉스, 과거의 실수 등 자기만의 비밀이 들킬까 봐 늘 불안해하기 때문입니다. 작은 비밀 하나가 있으면 아이는 친구들 앞에서 움츠러들고 자기도 모르게 눈치를 보며 당당하게 자신을 표현하지 못하게 되지요.

혹시 우리 아이가 친구들 사이에서 눈치를 보는 것 같다면 꼭 『나에겐 비밀이 있어』(이동연 글·그림, 올리, 2022년)를 읽어 주세요. 먼저 책의 앞 면지와 뒷 면지를 비교해서 살펴보세요. 주인공의 상반된 표정이 그려져 있습니다. 무슨 일이 있었던 걸까요? 이렇게 아이가 호기심을 갖고 생각하도록 이끌어 주며 책을 읽어 보세요.

주인공 아보카도는 울퉁불퉁 칙칙한 자신의 모습이 싫어요. 그래서 매일 두꺼운 화장을 해서 망고로 변신합니다. 이 부분까지만 읽고 대화를 나누어 볼까요?

─── 넌 네 모습이 싫다고 느낀 적 있어?
─── 변신할 수 있다면 어떤 모습으로, 또는 누구로 변하고 싶니?

이런 간단한 질문으로도 우리 아이의 신체 자존감을 짐작해 볼 수 있어요. 아이가 자신의 외모를 마음에 들어 하지 않는다면, 친구들의 시선을 의식하거나 자신감이 위축되어 자연스러운 친구 관계를 맺기가 쉽지 않지요. 하지만 부모가 아무리 예쁘다고 사랑한다고 말해 주어도, 이제 타인과 자신을 비교하기 시작한 아이의 마음에는 와닿지 않을 수 있어요. 그럴 때는 하고 싶은 말들을 잠시 마음에 담아 두고 이렇게 말해 주세요.

아, 네 모습이 마음에 안 들었구나. 너는 그런 모습으로 변하고 싶었구나. 아보카도도 그런 마음이었나 봐. 그럼 망고로 변신한 아보카도는 어떤 마음일지 궁금하네.

이렇게 담담하게 아이의 마음을 인정해 주어야, 아이가 혼자 마음에 담았던 상처를 흘려보내고 그다음 이야기에 잘 집중할 수 있습니다.

하지만 아보카도는 노랗고 매끈한 망고가 되었는데도 자신이 변신한 사실을 들킬까 봐 친구들과 편안하게 어울리지 못합니다. 그러던 어느 날, 친구 체리가 물에 빠졌습니다. 아보카도는 화장한 얼굴이 물에 씻겨 자신의 정체가 탄로 나더라도 친구를 구할 것인지, 아니면 자신의 비밀을 끝까지 지킬지 고민에 빠집니다. 과연 아보카도는 어떤 선택을 할까요?

네가 아보카도라면 어떻게 할 것 같아?

이렇게 물었을 때 아이가 친구를 구하지 못할 것 같다고 대답한다면, 아마도 아이가 자신의 외모에 대해 고민하는 정도가 깊다는 의미로 이해하는 것이 적절하겠지요.

아이의 마음을 치유하고 돌보는 그림책 심리독서에서 '아이가 말해야 할 정답'은 없습니다. 이런 상황에서는 이렇게 해야 한다고 가르치는 것이 아니라, '우리 아이는 이런 상황에서 이렇게 생각하는구나.'라고 이해하려는 노력이 필요하지요.

사람들은 모두 자신만의 콤플렉스가 있고, 그 사실이 다른 사람에게 알려질까 봐 두려워합니다. 하지만 자존감이 높고 친구들과 잘 어울리는 사람들의 특징을 살펴보면, 자신의 단점도 스스럼없이 드러내어 오히려 더 편안하게 사람들과 어울리는 것을 알 수 있습니다. 대부분의 아이들은 친구의 단점을 공격하지 않고 있는 그대로 받아들이며 서로 진정한 친구로 성장해 가지요. 이야기를 찬찬히 읽어 가며 이런 대화도 나누어 보세요.

—— 아보카도는 결국 어떤 선택을 할까?
—— 자기 정체가 드러날까 봐 두려울 텐데 어떻게 용기를 낼 수 있을까?

외모뿐 아니라 능력이나 성격적 특성에 대해 놀림, 비난, 혹은 무시를 당한 경험으로 상처받은 아이는 자신을 당당하게 드러내지 못하고 친구와 친밀해지는 데 어려움을 겪습니다. 혹시라도 우리 아이가 자신의 특성을 감추려는 모습을 보인다면 이렇게 말해 주세요.

> —— 조용한 너를 좋아해 주는 친구들이 무척 많아.
> —— 생각이 많은 너를 좋아하는 친구들이 정말 많아.
> —— 목소리가 큰 너를 좋아해 주는 친구도 많지.
> —— 모두 네 모습과 네 생각을 솔직하게 보여 주는 걸 좋아한단다.

아보카도가 자신의 모습을 드러내는 과정에 대해 생각하면서, 우리 아이가 자신의 마음을 괴롭히는 콤플렉스에서 벗어날 힘과 지혜를 얻으면 좋겠습니다. 진짜 자신을 보여 줄 때 진정한 친구 관계가 가능하다는 사실도 깨달아 가면 좋겠습니다.

아이들은 때로 고약한 친구 때문에 상처 받기도 합니다. 혹시 우리 아이가 친구의 나쁜 행동으로 인해 상처를 받았다면 『혼자가 아니야 바네사』(케라스코에트 글·그림, 웅진주니어, 2018년)를 함께 읽어 보세요. 그림으로만 구성된 이 책은 바네사 가족이 이사하는 그림으로 시작합니다. 전학을 간 바네사는 수업 시간에도 쉬는 시간에도 늘 혼자입니다. 체육 시간에 반 아이들이 모두 농구를 할 때도 혼자 벤치에 앉아 있어요. 그림 한 장면 한 장면을 보며 아이와 이야기를 나누어 보세요.

— 친구들을 처음 만나서 인사할 때 바네사는 어떤 기분일까?

— 책상에 앉아 있는 바네사는 무슨 생각을 할까?

— 왜 아무도 바네사에게 말을 걸지 않을까?

— 바네사를 계속 지켜보는 친구는 어떤 생각을 하고 있을까?

— 너도 이렇게 혼자라는 느낌을 받은 적 있니?

바네사와 금방 동일시되는 아이는 아마도 친구로 인한 상처가 꽤 깊을 수 있어요. 바네사를 통해 그동안 토해 내지 못한 마음을 충분히 말할 수 있도록 도와주는 것이 중요합니다.

그런데 사실 어린아이들은 전학 온 친구에게 별 관심이 없을 수 있어요. 그런 행동을 비난하는 시각은 바람직하지 않습니다. 타인에게 관심을 가지고 다가가는 데는 시간이 필요하다는 사실을 아이에게 말해 주세요. 아직 친구에게 먼저 다가가지 못한 바네사는 늘 혼자인 시간을 견디는 게 힘이 듭니다. 게다가 심술부리며 바네사를 괴롭히는 아이도 있지요.

사실 이런 사건이 생기면 괴롭힘을 당하는 아이도 두려움과 분노감에 힘겨워하지만, 그 장면을 목격하는 아이들 역시 똑같은 상처를 받게 됩니다. 괴롭힘을 당하는 아이가 느끼는 두려움과 아무것도 할 수 없는 무력감을 똑같이 느끼니까요. 이야기는 놀림받는 바네사를 바라보며 내내 마음이 불편한 친구의 모습으로 이어집니다. 아이와 함께 괴롭힘을 당하는 친구를 도울 방법이 있을지, 나는 어떤 친구일지 생각해 보는 대화를 나누어 보세요.

— 심술쟁이로 보이는 한 친구는 왜 바네사에게 인상을 쓰고 소리 지를까?
— 괴롭히는 친구를 막을 수 있는 방법이 있을까?
— 바네사에게 어떤 도움이 필요할까?
— 괴롭힘당하는 친구를 도울 용기를 낼 수 있을까?
— 나는 어떤 친구가 될 수 있을까?

상처의 치유는 공감에서 시작해 구체적인 치유 행동까지 이어지는 것이 가장 바람직합니다. 혼자 외롭고 힘들 때 딱 한 명만 내 옆에 있어도 그 아픔을 이겨 낼 수 있지요. 한 아이의 용감하고 작은 친절이 어떤 변화를 가져오는지 아이와 함께 꼭 확인해 보시기 바랍니다. 친구의 괴롭힘으로 상처를 받은 아이도 상처받는 친구 옆에서 방관하며 힘겨웠던 아이도 모두 치유받을 수 있을 거예요.

사회적 기술을 가르치는 그림책 심리독서

친구를 사귀는 일이 자연스러운 아이도 있고, 어느 정도 노력이 필요한 아이도 있어요. 혹시 우리 아이가 친구 사귀는 것을 어려워한다면

『새 친구 사귀는 법』(다카이 요시카즈 글·그림, 김숙 옮김, 북뱅크, 2017년)부터 읽어 주세요.

이 책은 세상에는 다양한 특성을 가진 친구들이 있다는 사실을 알려 줍니다. 활발한 아이, 잘 웃는 아이, 동물을 좋아하는 아이, 무엇이든 열심히 하는 아이, 친절한 아이, 장난치기 좋아하는 아이, 잘 가르쳐 주는 아이 등 정말 다양한 친구들이 있지요. 그런데 얄미운 친구들도 있어요. 뻐기기를 좋아하거나 제멋대로이거나 화를 잘 내거나 의심이 많은 아이도 있지요. 먼저 자기 주변에는 어떤 친구들이 있는지 인식하고, 자신은 어떤 특성을 가진 아이인지 생각해 보게 하는 대화가 필요합니다. 그래야 친구들의 특성에 대해 '좋다, 싫다'라고 단정 짓지 않고, '친구들은 제각각 다른 모습을 보이는구나.'라고 이해할 수 있으니까요.

    ⸻ 유치원에는 어떤 친구들이 있니?
    ⸻ 넌 어떤 친구가 편하고, 어떤 친구가 불편해?
    ⸻ 넌 어떤 특성을 가진 것 같아?

책을 읽다 보면 아이는 자연스럽게 자신이 어떤 사람인지 인식할 수 있습니다. 자신이 좋아하는 것, 장래 희망, 좋아하는 동물을 마치 메뉴

판처럼 골라 보게 해서 아이가 흥미를 느끼며 자신에 대해 탐색할 수 있도록 도와주지요. 그리고 새 친구를 사귈 때 거쳐야 할 단계를 고민해 볼 수 있는 퀴즈와 친구의 특징을 탐색해 볼 수 있는 다양한 활동도 담고 있어요.

특히 책 맨 뒤의 활동지를 여러 장 복사해서 활용해 보세요. 아이가 좋아하는 색·이야기·동물·음식·운동, 가장 잘하는 것과 싫어하는 것, 그리고 장래 희망이 무엇인지 빈칸을 채워 보게 하세요. 아이는 이렇게 자기 자신에 대해 말하고 쓰는 경험을 통해 스스로를 잘 이해하고 당당하게 표현할 수 있게 됩니다. 또 이 활동지를 친구에게도 적용해 보면 아이가 친구 사귀는 기술을 키우는 데 큰 도움이 될 거예요. 아이가 친구에 대해 잘 모른다고 한다면, 하루에 하나씩 친구에게 물어보기 미션을 주는 것도 좋겠습니다.

이번에는 한 명의 친구와 꾸준히 관계 맺는 방법을 보여 주는 그림책이에요. 『모모와 토토』(김슬기 글·그림, 보림, 2019년)는 좋아하는 것이 서로 다른 두 친구예요. 둘은 단짝 친구입니다. 그런데 어느 날, 모모가 토토에게 자신이 좋아하는 선물을 잔뜩 줍니다. 노란 풍선부터 시작해 노란 우

비와 장화, 노란 꽃도 주어요. 심지어 토토가 쓴 모자보다 자기가 고른

모자가 더 예쁘다며 토토에게 노란 모자를 씌워 줍니다.

하지만 토토는 이제 모모랑 놀지 않겠다는 쪽지를 남기고 사라져 버립니다. 왜 이런 일이 벌어졌을까요? 서로의 마음을 탐색해 보는 대화가 필요합니다.

----- 선물을 받는 토토의 표정을 보면 어떤 기분인 것 같아?
----- 모모가 선물을 주었는데 왜 토토는 이제 놀지 않겠다는 쪽지를 남기고 사라졌을까?
----- 왜 모모는 토토의 기분을 알아차리지 못했을까?
----- 서로 좋아하는 게 다를 때, 좋은 친구라면 어떻게 하는 것이 좋을까?

유아기 아이들은 아직 자기중심성이 강해서 내가 좋아하는 것은 친구도 좋아할 거라고 생각하지요. 그러니 내가 좋아하는 걸 친구가 싫다고 거절하면 자신을 싫어해서 그렇다고 여깁니다. 또 내가 좋아하는 것을 친구가 주지 않아도 자신을 싫어해서 그런 거라고 오해하기도 합니다.

이 책은 친구 마음에 공감하고, 친구 입장에서 생각하는 것이 중요하다는 사실을 토토와 모모의 이야기를 통해 아이들이 이해하기 쉽게 알려 주고 있습니다. 또한 이렇게 서로 서운해하고 다투기도 하면서 친구를 더 깊이 이해하게 되고 점차 좋은 친구 관계를 키워 갈 수 있다는 사실을 흥미롭게 전달하고 있지요.

학습 관련 사회적 기술을 키워 주는 그림책 심리독서

유치원에서 선생님 말씀 잘 들어야 해. 친구들과 사이좋게 잘 지내.

등원하는 아이에게 날마다 건네는 말이지요. 부모는 아이의 학습 관련 사회적 기술을 키워 주고 싶지만 "선생님 말씀 잘 들어야 해."라는 함축적인 말로 당부할 뿐, 구체적인 방법을 몰라 막막합니다. 하지만 '선생님 말씀 잘 듣기'라는 미션이 구체적으로 어떤 행동을 의미하는지 유아기 아이들이 제대로 이해하기는 어렵습니다. 이에 관한 구체적인 행동과 태도를 알려 주는 가장 좋은 방법이 바로 그림책 심리독서입니다.

우선 '선생님'이라는 존재에 대해 아이가 긍정적으로 인식하게끔 도와주는 것으로 시작하면 좋겠습니다. 『선생님을 만나서』(코비 야마다 글, 나탈리 러셀 그림, 김여진 옮김, 나는별, 2022년)를 아이에게 읽어 주세요. 읽기 전에 이렇게 물어봐 주세요.

    선생님은 어떤 분일까?

    선생님은 너에게 무엇을 가르쳐 주실까?

    선생님과 함께 있으면 어떤 기분이 들까?

── 선생님이 나에게 무서운 표정을 짓는다면 그 이유는 무엇일까?

　── 선생님이 나를 보고 미소 짓는다면 그 이유는 무엇일까?

　의외로 많은 아이들이 선생님이 무섭다고 말합니다. 가끔 말을 안 듣는 아이들을 가르치며 짓는 엄한 표정이 무서워서, 자기보다 덩치가 많이 커서, 벌을 줘서 등 여러 가지 이유가 있어요. 선생님이 자신을 가르치고 보호해 주며 잘 성장하도록 도와주시는 분이라는 사실을 아이가 제대로 알지 못하는 경우도 있지요. 책의 글처럼 우리 아이 마음속에 이런 의미들이 자리 잡게 되면 좋겠습니다.

　선생님을 만나고서 알았어요.

　무언가 배우는 것이 즐겁다는 걸요. (……)

　도전은 오히려 신나는 일이라는 것도요. (……)

　온 세상이 내가 탐험할 새로운 세계라는 걸요.

　상대방의 말을 잘 듣고 이해하면, 그다음에 자신이 어떤 생각을 하고 어떤 행동을 해야 할지 판단할 수 있습니다. 그래서 학습 관련 사회적 기술 가운데 첫 번째로 가르쳐야 할 것이 바로 '잘 듣기'입니다. 잘 듣는 능력을 키울 수 있도록 『딴 생각하지 말고 귀 기울여 들어요』(서보현 글, 손정현 그림, 상상스쿨, 2020년)를 아이에게 읽어 주세요.

　귀가 큰 꼬마 토끼 토토는 모둠 친구들과 만들기를 하기로 했는데,

선생님이 토토에게 준비물로 상자를 가
져오라고 한 말을 잘 듣지 못하고 색종이
를 가져와 모둠 친구들을 화나게 만들었어
요. 뿐만 아니라, 엄마가 쓰레기 버리러 나
간다는 말을 잘 듣지 못하고, 엄마가 없어
졌다며 엉엉 운 적도 있어요. 또 친구들과

약속 장소를 정할 때 제대로 듣지 못하는 바람에 혼자 온 동네를 헤맨
적도 있지요. 왜 이렇게 토토는 제대로 듣지 못하고 자꾸 엉뚱한 일을
벌일까요?

　제대로 듣지 못하는 것은 단순한 실수가 아니라 상대방의 말에 귀
기울이며 집중하지 못한 데서 비롯된 행동이며, 잘 듣지 못하면 자신
도 곤란을 겪게 되고 다른 친구들에게도 피해를 줄 수 있다는 사실을
깨닫는 것이 중요합니다. 아이와 잘 듣는 것에 대해 대화를 나누어 보
세요.

　──　토토는 왜 친구들의 말을 듣지 못했을까?

　──　듣지 못한 걸까? 안 들은 걸까?

　──　잘 들으려 노력한다면 달라질 수 있을까?

　──　제대로 듣지 못하면 어떤 일이 벌어질까?

　──　이렇게 자주 잘 듣지 못한다면 친구들은 어떤 생각이 들까?

　──　토토가 잘 들으려면 어떻게 해야 할까?

대부분의 아이들은 청력은 자연스럽게 발달하지만, 소리를 잘 듣고 그 의미를 이해하고 행동하는 듣기 주의력은 연습과 훈련을 거쳐 발달합니다. 위와 같은 그림책 심리독서를 통해 잘 듣는 것이 원활한 친구 관계뿐 아니라 안전한 생활과 반듯한 학습 습관에 있어서도 얼마나 중요한지 아이에게 인지시켜 줄 수 있습니다.

또 부모가 아이에게 자주 당부하는 말 중 하나는 "친구들과 사이좋게 잘 지내."입니다. 말 그대로 친구들과 즐겁게 잘 지내라는 의미도 있지만, 협동할 줄 알아야 한다는 숨은 의미도 있지요. 협동하는 능력은 학습 관련 사회적 기술 중에 가장 중요한 능력입니다. 그림책은 등장인물들이 당면한 문제를 해결하기 위해 서로의 의견을 주고받으며 각자 가진 장점을 활용하여 노력하는 모습, 그리고 책임을 다하여 서로 돕는 태도를 명료하게 보여 주고 있어 아이가 협동하는 기술을 배우는 데 큰 도움이 됩니다.

아직 유아기 아이들은 학습 관련 주제로 협동하는 일이 많진 않지만, 그림책을 통해 서로의 단점을 보완하고 장점을 강화하는 기술을 미리 익혀 둔다면 초등학교 수업에서 중요한 모둠별 활동을 해내는 데 큰 도움이 될 거예요.

『길 아저씨 손 아저씨』(권정생 글, 김용철 그림, 국민서관, 2006년)에는 다리가 불편한 길 아저씨와 눈이 보이지 않는 손 아저씨가 등장합니다. 길 아저씨는 어릴 때부터 다리가 불편해 방 안에서 꼼짝 못 하고 앉아서만 살았고, 아랫마을 손 아저씨는 태
어날 때부터 두 눈이 보이지 않았어요.
손 아저씨는 다행히 지팡이를 짚고 더
듬더듬 다니며 이집 저집 구걸할 수 있
었어요. 그러던 어느 날 방 안에서 꼼짝
못 하고 있다는 길 아저씨 이야기를 듣
게 되었지요. 이제 손 아저씨는 길 아저씨를 찾기로 마음먹었습니다.
여기까지 읽고 아이에게 질문해 보세요.

— 눈이 보이지 않는 손 아저씨는 어떻게 살아갈 수 있을까?

— 움직이지 못하는 길 아저씨는 어떻게 살아갈 수 있을까?

— 둘이 만난다면 어떤 방법으로 서로 도와줄 수 있을까?

— 누군가가 너를 도와준다면 어떤 도움을 받고 싶니?

— 네가 도움을 준다면 누구에게 어떤 도움을 주고 싶어?

— 어떤 일을 할 때 친구들과 서로 도움을 주고받을 수 있을까?

책을 읽고 아이들이 어떤 생각을 하는지 충분히 들어주며 대화를 이
어 가 보세요. 아이들은 아이다운 대안을 말합니다. 어떤 아이는 "날마
다 음식을 가져다주고 휠체어도 사 줘야 해요!"라고 말하기도 하지요.
참 예쁘고 기특한 말입니다. 하지만 날마다 음식을 가져다주기도 쉽지
않고 휠체어도 없던 시절이라는 점을 감안해야 합니다. 이런 점을 아

이에게 알려 주며 이야기 나누어 보세요. 눈썰미 있게 표지 그림을 기억해 내고 두 사람이 어떻게 협력할지 말하는 아이도 있고, 이야기 후반에 드러나는 절묘한 방법에 감탄하는 아이도 있습니다. 이런 대화를 통해 서로를 배려하는 따뜻한 마음씨가 있으면 금세 마음이 통해 하나가 될 수 있다는 메시지를 전달하면 성공입니다.

학습 관련 사회적 기술은 아이가 열심히 공부해서 익히는 기술이 아닙니다. 지시를 잘 듣고 수행하고, 친구들과 잘 협력하며 주어진 문제를 끝까지 해결하는 능력이지요. 이제 막 타인을 이해하고 자기표현을 배워 가는 시기의 아이들이 혼자 습득할 수 있는 기술이 아니기에, 부모와 교사의 도움이 꼭 필요합니다. 앞서 소개한 그림책 심리독서를 통해 아이가 학습 관련 사회적 기술을 잘 익힐 수 있도록 도와주시기 바랍니다.

자존감과 사회성을 키우는
데일리 그림책 심리독서 시나리오

아침: 5분 그림책 읽기로 행복한 아침 깨우기

사랑하는 우리 OO아, 잘 잤니?

좋은 아침이야. 네가 좋아하는 그림책 읽어 줄게.

아침에 아이를 깨우는 일은 자칫 잔소리의 연속이 될 수 있습니다. 안 좋은 기분으로 잠에서 깨면 하루가 침울하지요. 아이를 깨우는 방법에는 여러 가지가 있지만, 그중에서도 5분 그림책 읽기를 권합니다. 바쁜 시간에 웬 그림책이냐고요? 어차피 아이를 잠에서 깨우는 시간은 5분 이상 소요되니 그 시간에 그림책을 읽어 주면 어떨까요? 정 시간이 부족하면 평소 그림책을 읽어 줄 때 녹음해 둔 음성을 들려주어도 좋아요.

아이에게 부드럽게 마사지를 해 주며 그림책을 읽어 준다면 즐거운 하루의 시작이 될 거예요. 참, 아이가 좋아하는 책이 더 효과적이랍니다!

하원 후: 간식을 먹으며 그림책 읽어 주기

간식 먹는 동안 오늘의 새 책을 소개하겠습니다!

하원 후 간식 먹을 때 새로운 책 한 권을 아이에게 소개하고 읽어 주세요. 좋아하는 책만 읽으려는 아이에게는 간식 먹을 때가 새 책을 읽어 주기 딱 좋은 순간이에요. 물론 아이가 좋아하는 책을 읽어 주는 것도 좋아요. 간식 먹는 아이에게 스마트폰 영상을 보여 주고 있지는 않겠지요?

•

오후: 정서 · 인지 발달을 위한 그림책 놀이

신나는 액션북을 펼쳐 볼까?

오후 시간은 아이가 한창 활동하는 시간이에요. 놀이터에서 뛰어놀고 집에서도 가만히 있지 않지요. 이럴 때 잠시 쉬는 시간을 틈타 놀이할 수 있는 그림책을 읽어 주세요. 『보이니?』(김은영 글·그림, 비룡소, 2020년)와 같은 숨은 그림찾기 그림책, 『요지경 실험실』(마티아스 말린그레이 그림, 카미유 발라디 제작, 박선주 옮김, 보림, 2017년)과 같은 착시 그림책, 앞으로 보고 뒤로 보는 『휘리리후 휘리리후』(한태희 글·그림, 웅진주니어, 2006년), 『기묘한 왕복 여행』(앤 조나스 글·그림, 이지현 옮김, 미래엔아이세움, 2003년) 같은 책에도 아이가 큰 흥미를 가질 거예요. 책 페이지에 붙은 다양한 부속물을 이리저리 만지고 조작하고, 책을 거꾸로 뒤집어 새롭게 다시 읽는 등의 체험을 통해 책은 꼭 조용히 앉아서 읽어야 하는 것이 아니라는 점도 깨달을 수 있을 거예요.

저녁 식사: 밥 먹으며 나누는 그림책 퀴즈

그림책 퀴즈 타임!

차례로 돌아가면서 퀴즈를 하나씩 내 보는 거야. 누가 먼저 할래?

의외로 밥 먹으면서 아이와 나눌 대화가 그렇게 많지 않아요. "오늘 하루 재미있었니? 힘들지 않았어?"라는 추상적인 대화는 재미도 없고, 대화를 이어가기도 쉽지 않아요. 이럴 땐 아이가 좋아하는 그림책으로 퀴즈를 내 주세요. 책의 제목도 좋고, 등장인물의 이름도 좋고, 내용의 인과관계를 질문하는 것도 좋아요. 아이가 퀴즈 내는 역할을 맡고, 엄마 아빠는 답을 맞히는 역할을 하는 게 더 재미있답니다. 처음에 퀴즈를 내는 시범만 보여 준다면 아이는 신이 나서 스스로 그림책 퀴즈를 낼 거예요. 참, 아이의 퀴즈를 기록해두면 추억 보물이 될 수 있어요.

•

잠들기 전: 뒹굴며 즐기는 그림책 심리독서 타임

꿈속에서 마음껏 상상하렴.

잠자리 독서 시간이에요. 편안하고 여유롭게 그림책을 읽어 주세요. 퇴근 후 너무 힘이 들면, 불을 끄고 평소 그림책을 읽을 때 녹음해 둔 음성을 들려주는 것도 좋아요. 녹음할 때는 아이와 이야기하는 목소리가 들어가면 더 좋습니다. 그리고 잠드는 아이에게 꿈속에서 책 이야기를 마음껏 상상하라고 말해 주세요. 아이가 그림책과 함께 행복한 꿈나라 여행을 떠날 거예요.

아이와 부모를 위한
추천 그림책

● **아이의 자존감을 키워 주는 그림책**

『강아지똥』 권정생 글, 정승각 그림, 길벗어린이, 1996년

『거짓말이 뿡뿡, 고무장갑!』 유설화 글 · 그림, 책읽는곰, 2023년

『나는 (　　) 사람이에요』 수전 베르데 글, 피터 H. 레이놀즈 그림, 김여진 옮김, 위즈덤하우스, 2021년

『난 내가 좋아!』 낸시 칼슨 글 · 그림, 신형건 옮김, 보물창고, 2007년

『내가 좋아하는 것』 수지 린 글, 알렉스 윌모어 그림, 꿈틀 옮김, 키즈엠, 2022년

『내가 잘하는 건 뭘까』 구스노키 시게노리 글, 이시이 기요타카 그림, 김보나 옮김, 북뱅크, 2020년

『멍멍이 탐정과 사라진 케이크』 카테리나 고렐리크 글 · 그림, 김여진 옮김, 토토북, 2022년

『안나는 고래래요』 다비드 칼리 글, 소냐 보가예바 그림, 최유진 옮김, 썬더키즈, 2020년

『완두』 다비드 칼리 글, 세바스티앙 무랭 그림, 이주영 옮김, 진선아이, 2018년

『착한 달걀』 조리 존 글, 피트 오즈월드 그림, 김경희 옮김, 길벗어린이, 2022년

『티치』 팻 허친즈 글 · 그림, 박현철 옮김, 시공주니어, 1997년

『헤엄이』 레오 리오니 글 · 그림, 김난령 옮김, 시공주니어, 2019년

● 아이의 사회성을 키워 주는 그림책

『길 아저씨 손 아저씨』 권정생 글, 김용철 그림, 국민서관, 2006년

『나에겐 비밀이 있어』 이동연 글·그림, 올리, 2022년

『나의 우주를 보여 줄게』 아나 타우베 글, 나타샤 베르거 그림, 이임숙 해설, 유영미 옮김, 뜨인돌어린이, 2023년

『내 귀는 짝짝이』 히도 반 헤네흐텐 글·그림, 장미란 옮김, 웅진주니어, 2008년

『딴 생각하지 말고 귀 기울여 들어요』 서보현 글, 손정현 그림, 상상스쿨, 2020년

『모모와 토토』 김슬기 글·그림, 보림, 2019년

『브루키와 작은 양』 M. B. 고프스타인 글·그림, 이수지 옮김, 미디어창비, 2021년

『선생님을 만나서』 코비 야마다 글, 나탈리 러셀 그림, 김여진 옮김, 나는별, 2022년

『새 친구 사귀는 법』 다카이 요시카즈 글·그림, 김숙 옮김, 북뱅크, 2017년

『친구의 전설』 이지은 글·그림, 웅진주니어, 2021년

『혼자가 아니야 바네사』 케라스코에트 글·그림, 웅진주니어, 2018년

● 부모를 위한 그림책

『가드를 올리고』 고정순 글·그림, 만만한 책방, 2017년

『나의 엄마』 강경수 글·그림, 그림책공작소, 2016년

『나의 작은 아빠』 다비드 칼리 글, 장 줄리앙 그림, 윤경희 옮김, 봄볕, 2023년

『너는 기적이야』 최숙희 글·그림, 책읽는곰, 2010년

『두 갈래 길』 라울 리에토 구리디 글·그림, 지연리 옮김, 살림출판사, 2019년

『엄마 아빠 결혼 이야기』 윤지회 글·그림, 사계절, 2016년

『완벽한 아이 팔아요』 미카엘 에스코피에 글, 마티외 모데 그림, 박선주 옮김, 길벗스쿨, 2017년

『피터의 의자』 에즈라 잭 키츠 글·그림, 이진영 옮김, 시공주니어, 1996년

이임숙의
결국 잘되는 우리 아이

1판 1쇄 발행 2023년 11월 1일

지은이 이임숙
펴낸이 김유열
편성센터장 김광호 | **지식콘텐츠부장** 오정호
지식콘텐츠부·기획 장효순, 최재진, 서정희 | **마케팅** 최은영 | **제작** 정봉식
북매니저 윤정아, 이민애, 정지현, 경영선

책임편집 고혜림 | **디자인** 김아름 | **인쇄** 우진코니티

펴낸곳 한국교육방송공사(EBS)
출판신고 2001년 1월 8일 제2017-000193호
주소 경기도 고양시 일산동구 한류월드로281
대표전화 1588-1580
홈페이지 www.ebs.co.kr | **이메일** ebsbooks@ebs.co.kr